奇妙的大脑
之言为心声

高永亮◎著

江苏凤凰美术出版社
全国百佳图书出版单位

图书在版编目（CIP）数据

奇妙的大脑之言为心声 / 高永亮著 . -- 南京 : 江苏凤凰美术出版社 , 2018.6
ISBN 978-7-5580-0497-1

Ⅰ . ①奇… Ⅱ . ①高… Ⅲ . ①思维方法－通俗读物
Ⅳ . ① B80-49

中国版本图书馆 CIP 数据核字 (2018) 第 033435 号

责任编辑　曹昌虹
封面设计　翟　欢
责任监印　唐　虎

书　　名　奇妙的大脑之言为心声
著　　者　高永亮
出版发行　江苏凤凰美术出版社（南京市中央路 165 号　邮编：210009）
　　　　　北京凤凰千高原文化传播有限公司
出版社网址　http://www.jsmscbs.com.cn
印　　刷　北京欣睿虹彩印刷有限公司
开　　本　880mm×1230mm　1/32
印　　张　6
版　　次　2018 年 6 月第 1 版　　2018 年 6 月第 1 次印刷
标准书号　ISBN 978-7-5580-0497-1
定　　价　39.80 元

营销部电话　010-64215835-801

目　录
CONTENTS

序　言

人际交往中，内是外的基础。举个例子，关于赞美。赞美这种方法很多人都知道，有些赞美是真诚的，有些是虚情假意的，说白了就是拍马屁。如果你看不出别人有什么好，又想恭维几句，那就要说假话。如果你能看出别人的好，实话实说就可以，很真诚。可是有些人没有好，那怎么办？

有两个人同时搬到一个镇子上。一个人问镇子上的人："这的人怎么样？"人们问："你以前生活的地方，人怎么样？"他说："不好，糟透了，全是一群王八蛋。"人们回答："这的人也一样。"另一个人问镇子上的人："这的人怎么样？"人们问："你以前生活的地方人怎么样？"他说："很好，很友善。"人们回答："这的人也一样。"

世界上，美丽与丑陋并存，你说它美或者丑都对，取决于你观察世界的角度。同样，人也是如此，优点与缺点并存，一个人的好坏，取决于你观察它的角度。有些人，只看到别人的不好，看不到别人的好，这不是外在问题，而是选择性注意的问题，只注意不好的，看不到好的。如果心中认为别人是垃圾，嘴上却说你真棒，别人是能感觉出来的，这样做不仅自己累而且也得不到别人的认可。换个角度看世界，才能发现世界的美好；看别人，发现别人的优点，照实说就可以，这不比虚情假意的逢迎简单？

还有愤怒的问题。如果能心平气和地说话，谁也不想吵架，更不想生气，可是有时候真控制不住。于是有人在胳膊上用圆珠笔描一个“忍”字，更极端的做法是用小刀刻或烟头烫，你想想那得多疼。尽管如此，肉体自残依然比不上内心痛苦，遇到事情还是控制不住自己。

有时候自己也清楚，发火只会让事情更糟，可是不发火自己憋得难受。于是陷入两难的选择。其实这个问题可以通过“理解原则”来化解。当你理解了别人，理解了这个世界，自然没那么大火气，既不用自己忍着，也不用向别人发火。

人际交往的方法有很多，外在方法没有内在心法就会变成花拳绣腿，用起来总感觉不对劲，这是内在问题没解决好的原因。很多方法，表面看有差异，其实主要根源在内在。解决一个内在问题，往往就能解决外在的一系列问题。

因此，从内而外的改变简单且有效，自己快乐，别人也很快乐，这就是双赢。

第一章　换位

第一节 直钩钓鱼

两千多年前，在中国的渭水边，有位老人日复一日地重复着同样的工作——钓鱼。细心的人会发现，这位老人钓鱼的方法很奇怪：直钩，无饵，离水面三尺。他就是历史上有名的姜太公。姜太公无饵钓鱼，意在周文王不在鱼，因为他深知此时的周文王求贤若渴，需要像他这样的人才来辅佐自己完成灭商的大业。

与人交往，首先要知道别人需要什么。卡耐基有句话："天底下只有一种方法可以影响他人，就是提出他们的需求，并且让他们知道怎样去获得。"其实有很多人都不知道自己想要什么，又怎么能知道别人想要什么呢？就好像一个熟睡中的人，是永远无法叫醒别人的。

那么，人到底有哪些需求呢？其实人的需求大体可以分为六类，即物质、生理需求；乐趣；安全感；爱与社交；尊重；自我实现。下面我们来简单说明一下这六类需求。

一、物质、生理需求

计算机行业发展初期，一些人组织家庭电脑俱乐部，电脑业余爱好者定期聚会，免费分享技术心得，其中有些技术是从商业公司破译、窃取过来的，他们认为这些技术应该免费共享，不能成为牟利的工具。

这种做法遭到两个人的严厉批评，其中一个人写信说："希望大多数业余爱好者们意识到，你们的软件都是偷来的。这公平吗？你们这样做只会让别人不再愿意编写好的软件编程。谁能承受得起无偿进行专业的工作？如果有谁愿意付钱的话，给我来信，我会很感激。"另一个人也不赞成这种做法，他说服同伴，不再免费送出设计图，他的理由是"反正很多人也没有时间自己组装一台电脑，我们为什么不做好卖给他们呢？"这俩人后来都成为计算机行业举足轻重的人物，其中一个是乔布斯，另一个是盖茨。

奉献是好事，但不必无私，更不能以这样的道德标准要求别人。财富并非罪恶，自己赚钱的同时，为别人带来好处就可以。计算机行业如果没有利益驱动，谁会专业开发？那么计算机就可能是一群业余爱好者的玩具，不可能像现在这样改变世界。

好比一台使用起来相当复杂的机器，免费让你用，但短时间内你根本学不会。虽然你不用花钱，但是也没有收获。有人将机器改装，变得简单，你一学就会，但需要花钱，不过它却能为你带来更多的收入。思考一下哪一个对你帮助更大？

春秋时期鲁国有个规定，到其他诸侯国去的人，看见有鲁国人在那做奴隶，可以花钱将奴隶赎回，然后拿着凭证找国家报销。

孔子有个弟子，叫子贡，是位很有钱的商人。经常自己掏腰包赎回鲁国人，不向国家报销，并且到处跟别人说，自己在做好事。孔子却说他的做法很愚蠢。子贡很疑惑，“做好事怎么是愚蠢呢？”孔子告诉他说，“国家规定可以报销，这样个人不用出钱，大家都会赎人；你不报销，自己掏腰包，标榜自己道德高尚，那要钱的人就是不高尚。让大家自己掏钱赎人，很多人不愿意，可是要钱又显得自己不高尚，所以只能假装没看见。哪种方法有利于解放更多鲁国人呢？”

孔子的另外一个学生子路。一次他救起一名落水者，落水者表示感激，送给子路一头牛，子路收下了。孔子高兴地说：“此后一定有很多鲁国人勇于救人了。”这和现在的“见义勇为奖”一样，做好事受表扬是应该的。即使有些人是为一头牛才救人，但人总比牛有价值吧，这种做法无可厚非。

我们可以无私奉献，但不能用这种道德标准要求所有人。财富并非原罪，只要对别人有帮助，获得回报理所当然。与别人交往时，要考虑对方利益之所在，而不是道德说教。

爱因斯坦去普林斯顿大学当教授，学校要给他年薪 20 万美元，爱因斯坦却只要 3000 美元。这个故事广为流传，爱因斯坦轻视钱财的境界让人敬佩。其实，爱因斯坦答应去普林斯顿研究所工作还有一个条件，就是让研究所给他的助理一个正式的职位。爱因斯坦不在乎钱，但他懂得照顾别人利益，不会要求自己的助理和自己的想法一样。

年薪1美元的乔布斯每年都会给苹果公司的高管和工程师涨薪，自己始终是1美元，他没有要求别人，“加入苹果公司就为改变世界，别跟我谈钱。”

无论是超凡脱俗的大师级人物还是成功的企业家，都不会用道德标准要求别人放弃物质追求。所以，我们与人合作，也要考虑别人的物质利益。

保罗·盖蒂是1957年《财富》杂志评选出的世界首富，此后二十年一直位列美国首富。他深知人才的重要性，他一直将“如何网罗优秀人才”，作为衡量事业能否成功的标准。

有一个人叫乔治·米勒，对石油行业很内行，而且勤奋、诚实，管理企业有一套。所以保罗·盖蒂以十分优厚的薪水聘请他管理洛杉矶地区的油田。

为考察米勒，盖蒂在米勒接手公司一星期后，暗访油田，想看看米勒的真正本领，然而结果令他十分失望：浪费随处可见，员工人浮于事，机器部分闲置，工作进度缓慢。另外米勒整天坐在办公室听报告，很少下工地。因此，油田费用的价位持续停留在较高的位置，企业利润难以提升。“也许时间短，米勒没来得及发挥自己长处，再等等。”盖蒂如此安慰自己。

一月后，盖蒂再次视察油田，上次发现的问题没有任何改观，这次他忍不住了，决定找米勒谈谈。“我每次来这里时间不长，但总能发现有许多可以减少浪费、提高产量、增加利润的地方，而你整天在这里竟没有发现？”盖蒂严厉中透着责备。“盖蒂先生，因为那是您的油田。油田上的一切都跟您有切身关系，使得您眼光锐利，看出一切问题。”米勒直接回答到。

米勒的回答让盖蒂十分震惊。他想，“人的行为动机和利益密切相关，利益连接动机。动机和利益一致就会产生动力。”据此，盖蒂决定在用人上作一项大胆尝试。他找米勒商谈，“我打算把这片油田交给你，从今天起我不付给你工薪，而付给你油田利润的百分比；这正如你所明白的，油田越有效率，利润当然越高，那么你的收入也越多。你看这个做法怎么样？”

米勒考虑一下，认为盖蒂这一做法确实能调动下属的积极性，对自己是压力和挑战，但亦是一个展示才干和谋求发展的机会，于是欣然接受。从那天起，洛杉矶油田面目一新。由于油田盈亏与米勒收入有切身关系，他对一切运作都精打细算，对员工严加管理。混日子人员被遣散，闲置机械工具发挥最大效用，整个油田作业一环扣一环的安排和调整，减少了人力和物力的浪费。他几乎每天都要去工地检查和督促工作，改变过去坐在办公室看报表的管理办法。

两月后，盖蒂再次去洛杉矶油田视察，他发现这里已找不到浪费现象，产量和利润大幅度增长。这次全新合作的尝试，使盖蒂探索出一条用人之道：利益激励。从此，盖蒂集合一批有志之士，踏上构筑石油王国的辉煌之路。

小白兔来到杂货铺问："老板，有胡萝卜吗？"

老板："没有。"

第二天小白兔又来问："老板，有胡萝卜吗？"

老板："没有。"

第三天小白兔又来问："老板，有胡萝卜吗？"

老板："没有，跟你说过多少遍了，再问就用钳子把你牙拔掉。"

第四天小白兔又来问："老板，有钳子吗？"

老板："没有。"

小白兔："哦，那今天有胡萝卜吗？"

老板气急败坏，把小白兔的牙打掉了。

第五天小白兔又来问："老板，有胡萝卜汁吗？"

这个故事一般认为小白兔执迷不悟，其实还可以从另一个角度解读。做生意的杂货铺老板面对小白兔这样忠实的顾客，不想方设法满足客户需求，反而嫌弃客户麻烦，这哪是做买卖的材料？香港丽晶大酒店有一位老顾客，每次来香港出差都入住该酒店。原因是顾客喜欢喝胡萝卜汁，每次进到酒店，房间内早已准备好一杯胡萝卜汁。多年来，香港经济环境发生巨大变化，高档酒店林立四周，硬件施舍、优惠价格不比丽晶酒店差，顾客始终选择丽晶酒店，因为他们抓住了顾客这一特殊需求。

二、乐趣

我们吃饭，除了吃饱、满足生理需求以外，还要吃好，吃着香。吃饱是身体需要，吃着香则是乐趣。你看公园打麻将的人，冬天外面飘着小雪花，搭个帐篷，没有任何取暖设备，照样玩得不亦乐乎。网吧上网的人废寝忘食，但是为了追求快乐，累也可以忍着。因为他们在享受过程的乐趣。

有些小孩不爱学习，爱看电视，家长强制不许看电视。你不让他看电视，那乐趣从哪里来？所以，一味强制不是办法，培养孩子学习的兴趣，这才是关键。学习能得到乐趣，他就不会依赖电视。

学习兴趣从小培养。从小读书，培养他的想象能力，让他能从书中得到快乐。电视比书有优势，有图像和声音，不用想象，所以，看电视比看书乐趣多，还省事。但是生活中很多时候需要抽象思维，需要想象、读书、识字、思维是现代人必备的生存技能，这些兴趣需要从小培养。从小看电视长大，没有看书的习惯，从书中得不到乐趣，你硬强迫他看书，不允许看电视，电视是他唯一的乐趣，没了电视等于没有乐趣，谁也受不了。所以你不让他看电视，就要给他找新的快乐方式。

三、安全感

生活中，有些人能说会道，但是人缘并不好，有些人不善言辞，身边却有一群死党，怎么回事？会说话当然是优势，只不过这是开始。

以后还要办事，一办事，太差劲，以后就没什么来往了，用不了多长时间，朋友就会少了，不靠谱的人让人缺乏安全感，不敢跟他来往。所以，做个实在人，短期看也许会吃亏，但从长期看，绝对不会吃亏。你想，大家都愿意和你合作，你还发愁没钱赚?

约翰是一个房地产经纪人，最近他接到一项颇为棘手的任务——销售一块土地，该地虽然处于火车站附近，交通便利，但不远处是一家木材厂，轰鸣的机器声让几个有意达成交易的客户望而却步。

这天，约翰又遇到一位客户，他直截了当地说："这块地交通便利，价格很低，之所以没卖出去，是因为他周围有一个木材厂，很多人受不了噪音干扰，如果您能忍受它的声音，确实是理想的置业之所。"客户经过几天详细考察，再次找到约翰对他说："你上次提到的噪音问题，并没有我想象的那样严重。我以前住的地方，经常过重型卡车，比木材厂吵多了，而且木材厂每天只有几个小时产生噪音，我完全可以接受。你是个老实人，如果换做别人，可能会向我隐瞒这一情况。你能够如实相告，反而让我很放心。"

约翰的诚实态度让客户很放心，让别人敢相信他，这样他说的话别人会考虑。如果别人不敢相信，即使说得天花乱坠，也是白搭。所以伊索说："没人会相信骗子，即使他说的是真话。"不是不想相信，而是被骗怕了，不敢相信。

古人云，"人无信不立。"说话不算话，不讲信誉的人，谁敢相信?有些人巧舌如簧，说的天花乱坠，人缘并不好。有些人不善言辞，身边却有一帮真正的朋友。一讲人际关系，好像就是会说话，似乎掌握了说话技巧就能在社会中游刃有余，没有信誉的语言说得再好听都苍白无力。路遥知马力，日久见人心，“强大的”个人信誉才是立足社会的根本。

孩子犯了错，一位父亲对孩子说，“这事是不是你干的，你说了，我不打你。”孩子听了父亲的话承认了错误，结果还是遭到了父亲的打骂。发生这样的事情孩子以后还会相信他吗？孩子还会对父母说实话吗？

同样是父亲，看看曾子是怎么做的。曾子媳妇准备去赶集，孩子哭着闹着要一起去。她对孩子说：“乖儿子，如果你不跟我去，回来后杀猪给你吃。”孩子信以为真，在家等着妈妈回来。曾子媳妇刚一到家，曾子马上要去杀猪，媳妇拦住他：“你缺心眼啊，我和孩子闹着玩的，你还真要杀猪？”曾子说：“你今天欺骗孩子，就是教他欺骗别人。母亲欺骗孩子，孩子就不会再相信他的母亲，这不是教育孩子成为正人君子的方法。”还有多少人像曾子媳妇那样以为孩子小而胡乱承诺？做不到就不要说，说了就要做到。只有这样才能教育孩子成为一个说到做到的人。

再看这位父亲：盼望已久的星期天终于来了，因为爸爸答应我只要期中测验考100分，就带我出去玩。可是我睁开眼睛，看到外面下着雨，而且很大。我失望地对爸爸说：“今天的游玩泡汤了吧？”“怎么会呢，户外玩不了，我们可以找室内游乐场，我说过的话一定会算数。”当时不像现在，室内游乐场很少，后来爸爸打听到一家四星级宾馆内有游泳池和游乐场，就带我去玩了一天。一张门票几十元，我们三个人的花费相当于爸爸一个月的工资。他说：“你完成你该做的，我也要兑现自己的承诺，即使没钱，借钱也会带你来玩。”那一刻，父亲的形象在我心中瞬间高大起来，我谨记他的教诲：说到一定做到。

诚信是一种美德，更是一种智慧。诚信的人能给别人带来安全感，大家敢和他合作，合作的人多了，机会自然会多。

20世纪70年代，在日本高品质低价格产品冲击下，很多美国钢铁公司关门大吉，但其中一家名叫“木匠”的钢铁公司凭借高品质的产品和准时的服务，屹立不倒。随着市场变化，外国公司无法满足美国企业发展需求，钢铁业逐步复苏，“木匠”公司成为市场宠儿。一次该公司接到一笔“好得令人难以置信”的订单。条件是只要“木匠”答应马上交货，客户愿意高价买下价值几百亿美元的钢铁。但如果完成这笔交易，势必会延迟其他客户的订单，为保持公司信誉，最后“木匠”婉拒这笔交易。通过这个故事，可见“木匠”公司严守承诺，成为客户值得信赖的合作伙伴，这也是它能在一片倒闭潮中岿然不动的原因。

四、爱与社交

爱，不仅仅指男欢女爱，还有亲情，友情，这些都是爱。现代社会，人们普遍冷漠。如果你总感觉孤独，内心冰凉，估计是缺少爱。

爱用钱买不到，能买到的，恐怕也不是爱。有个电影叫《顺风车》，故事源自生活中一个真实人物——王永。每天上班时，顺路拉几个人，不要钱。免费顺风车一直坚持了十几年。开始时人们很不理解，不敢坐。后来发现，真是免费。

有一次，王永车上坐了几个农民工，几个人很感谢他，他说：“你们不要谢我，我不白拉。”几个人吓坏了：“不是说好不要钱吗？怎么又变了？大兄弟，俺们忘了点东西，你把车停下，俺们回去找找。”王永一听笑着说，“你们误会了，我说不白拉，不是想跟你们要钱。”

几个农民工惊诧地问道，“那要什么？”王永连忙解释说，“你看一路上，你们和我聊天，我很快乐，这就是我想要的。”你遇到这种事，是不是心里热乎乎的？助人就是爱。

爱，能让我们的心感受到温暖。吃份盖饭，能填饱你的胃；当你内心冰冷的时候，是否想过给它来点爱呢？

五、自我价值感

尊重和自我实现，与自我价值感密切相关。尊重这个词有点虚，但我可以告诉你，这个词一点都不虚，他可以给你带来实实在在的利益。

一个同学做箱包生意，几年时间发达了，钱包像肚子一样与日俱增。他老家是生产箱包的集散地，各种样式的箱包销往全国各地，一部分出口国外。这里生产箱包的企业多是家庭小作坊。生产的箱包交给几个倒卖箱包的人，由他们统一批发到北京。每天差不多能倒卖几千个，一个赚五毛左右，一天赚几千元钱，利润颇丰。后来，其他几个倒卖箱包的人生意逐渐萎缩，同学变成一家独大。很多人不解，为什么他做这么好。他向我透露成功秘诀："刚开始我们几个人往北京倒卖箱包，主要是批发给俄罗斯来的大老板。我们几个人都竭力讨好俄罗斯老板，除此之外我还很注重与普通员工搞好关系，每次去北京，都和这些人聊上几句，给他们买几包烟，时间一长他们就和我混熟了。这些干活的人经常向老板说我的货比其他几家好，他们毕竟是老板的人，说的次数多了，国外大老板信以为真，这样我逐步做大，挤的别人也就没法做了。方法其实很简单，那几个和我一同倒卖箱包的人如果知道自己输在这样一件小事上，肠子肯定都悔青了。"箱包质量一样，都是从各个家庭作坊收集而来，每个箱包所加利润也都相差无几，可以说同等质量、同等价格，但最后只有一个人胜出，尊重别人，给他带来了丰厚回报。

约翰是强生公司的业务代表，负责区域内药品市场的开发和维护。这天他像往常一样走进一家熟悉的药品杂货铺，询问老板是否需要进货。"你下次不要来了，我们决定不再销售你们公司的药品。因为你们主要针对廉价超市和食品市场，对我们这种药店冲击不小。"药店老板说。约翰像被当头打了一棍。他昏昏沉沉地走出药铺，像霜打的茄子一样，漫无目的的在大街上游荡。

临近傍晚，约翰决定再回那家药铺碰碰运气，耐心解释一番，或许还能少销售一些，不至于彻底丧失客户。当他进入药铺时，老板热情地招呼他："嗨，你好，约翰。一整天都在等你来。我们还继续销售你的产品。"并且当场定了比平时多一倍的货。约翰更迷糊了，不知道发生了什么事能让药铺老板在一天内态度有如此大转变。药铺老板看着一脸茫然的约翰，解释说："本来我已经打算不再销售你们公司的产品了。今天早晨你走之后，店里的小伙计找到我说：'很多公司业务员来到我们店里，径直走向老板办公室，约翰是唯一一个和我们店员打招呼的人，如果有什么生意值得做的话，应该是约翰。'我觉得他说的很有道理，所以决定继续和你合作。"

永远不要忽略身边每一个人，用礼貌和尊重的方式对待他们，不仅仅是礼仪问题，更是一种明智策略。

玫琳凯心仪一款福特车很久了，她想买一辆新车作为自己的生日礼物。终于攒够钱了，她兴冲冲地来到福特销售店，临近中午，快下班了，只有一个销售员接待她。销售员爱搭不理，很不耐烦的样子。这时，另外一个销售员过来问他是否要帮着带午饭，这个销售员说："不用，我马上就完事了。"他可能以为面前的这个人只是随便转转，不会买车吧。"他大概看见我从那辆破旧车里走出来，以为我买不起新款车，所以想草草打发我走人，"玫琳凯说，"我有付现金的习惯，那天我带着一包现金，准备买车，可是销售员这样对我，我不想和他谈。"

玫琳凯要求见经理，经理不在，下午才能上班。于是，玫琳凯走出福特销售店，到外面走走，等下午再买车。无意中，她走进了另外一家汽车销售店。销售员热情、认真的讲解打动了她。当得知当天是玫琳凯的生日时，销售员转身对旁边的人嘀咕了几句，那个人转身走了。过了一会，那个人又回来了，手里捧着一束鲜花。销售员把鲜花递到玫琳凯怀中，祝她生日快乐。最终，玫琳凯没有买福特车，而是从第二个销售员那买了一辆车。

尊重别人不一定能卖车，但是不尊重别人一定不能卖车，谁会从一个不把自己当回事的人那买东西？

自我实现是自我价值感的一种表现形式，它主要体现在我们与世界、宇宙的关系。它是一种使命感：活着为什么？生命的意义是什么？“活着就为改变世界，难道还有其他原因？”乔布斯这样说，所以苹果公司汇聚了一批梦想改变世界的科学精英。

自我实现是一种自我价值感，只不过这种自我价值感的标准更侧重个人对人类社会的贡献。自我实现我们不多说，这种人已经建立起强大的自我评价体系，基本不会在乎世俗意义上的评价，有点超尘脱俗的感觉。比如佛陀，不做皇帝做和尚；甘地，领导印度走向独立，死后的遗物是一副眼镜和一个大裤衩；乔布斯，在苹果公司年薪1美元。

了解、知道别人的需求，是人际交往的起始点。怎样才能知道别人需求？基本一点是要学会倾听，耐心、仔细倾听，知道别人想要什么。

前几年，有个小品叫《真情30秒》，讲部队炊事班战士向家里打电话拜年的故事，每个人只有30秒时间。前面几个人都打过了，讲一些家长里短的话，最后一个人要吸取教训：看你们，每个人只有

30秒时间，多珍贵，竟说一些没有的，看我的。电话接通，最后一个人拿起听筒直接说："喂，谁也不要讲话，听我说，爷爷好，奶奶好，爸爸妈妈过年好，哥哥好，嫂子好，姐姐妹妹弟弟好，你也好，我也好，哎呀连队的伙食更是好得很呐，有溜肉段，鱿鱼片，四喜丸子海带拌，炒豆丝，醉虾片，小白萝卜拌凉菜，豆腐丝，豆腐块，红烧猪蹄拌面线，什么，你是幼儿园啊，打错了啊。"

咱先搞清楚对方是谁再说话行不？有些人，尤其是那些以能言善辩著称的人，也不问别人啥情况，一顿猛侃。你说一句话，他后面有十句、百句等着你，根本不给别人说话的机会。唾沫星子乱飞，最后口干舌燥，还没效果。

这里有一个基本思路：和别人沟通，以谁为主体。多数人以自己为主体，原因是和别人沟通，想把自己的思想传递给别人，让别人接受，当然自己要多说，不说，别人怎么会知道呢？可是有一个基础你想过没有，你说的话别人是否感兴趣，是否真正愿意听，是否是他认为需要听的？他需要什么，他想听什么？我们说半天，别人没听进去，岂不是白说？

沟通过程由说者控制，结果却由听者决定。所以，沟通的基础是以对方为主。不考虑别人的想法，将自己思维强加给别人，这是控制。每个人的思维系统都是长时间形成的，直接将观念强加给别人，收效甚微。这也是为什么很多沟通失败的原因，我们总是以自己的思维考虑别人，却很少考虑别人怎么想。别人怎么想，我们不知道，那就要沟通，就需要倾听。

海明威说："我们花了两年学会说话，却要花上六十年来学会闭嘴。大多数的时候，我们说的越多，彼此距离就越远，矛盾也越多。在沟通中，大多数人总是急于表现自己，一吐为快，却一点也不懂对方。"学会闭嘴，认真听对方说话，了解别人想法，是沟通的前提条件。

第二节 换位思考：需求

换位思考就是要站在别人的角度考虑问题。“他为什么不考虑我的想法和感受，凭什么要我替他想？”世界上绝大多数人都是这样想的。

卡耐基说：“这是一个物欲横流的时代，大家都为自己考虑，只有少数人表现得不那么自私，站在别人的角度考虑问题，他们将会受到欢迎，因为在这方面很少有人和他们竞争。”美国律师欧文也表达过类似的意思，他说：“站在别人的角度考虑问题，知道别人在想些什么的人，永远不用为自己的未来担忧。”

你对一个人说，要考虑别人的想法与感受，很多人会本能地回一句，“凭什么？”为自己考虑没错，但要有方式。只考虑自己，不考虑别人，那别人也不会考虑你，这样反而不是真正为自己考虑，或者说自己得到的更少。

世界有时候很奇妙，你越是只想自己，和别人争来争去，最后越是得不到。考虑对方，反而更容易得到。举个例子。

小张和小王两人同时进入一家公司，三年后小张被提升为总经理助理，小王不服气，找总经理评理："我俩一块进公司，凭什么他做总经理助理，我还是个业务员？"经理笑着说："好吧，我让你知道原因。你现在去一趟菜市场，看看有什么发现。"过一会小王回来说："菜市场快散了，没什么人。"经理说："再去看看。"一会小王回来说："菜市场还剩个卖白菜的。"经理问："多少钱？"小王支支吾吾说："我不知道，没问。"经理说："这样吧，我让小张去一次。"

过一会小张回来说："菜市场快散了，没什么人，有个卖白菜的，着急处理，平时一块钱一斤，现在卖八毛，我寻思挺便宜，想问问咱们公司食堂要点不，我把卖菜的叫来了，他现在公司门口等着呢。"假如你是老板，你用小王还是小张？对号入座，你是小王还是小张？很多人埋怨老板刻薄，待自己不公，换个角度，假如你是老板，像你这样表现的员工，你会怎样对他？

韦伯刚到一家物流公司做仓库门卫。工作很简单，按时开门，按时关门，平时闲杂人等不许入内。一天晚上，狂风大作，电闪雷鸣，一场暴风雨马上就要来临了。公司老板在家坐立不安：新买的设备还放在库房外，如果被雨淋了，会严重缩短使用寿命。他通知生产科长，找几个人和他一起去抢险。他们刚走到半路，天空便下起了倾盆大雨。老板心中叫苦不迭："完了，这下肯定晚了，这要造成多大损失啊。"

当他们来到库房时，发现浑身湿透的韦伯正在加固帆布，以免帆布被风吹起淋坏机器。老板心中泛起一阵惊喜，赶忙上前感谢韦伯。韦伯平静地说："这是我的工作。"没多久，韦伯被认命为仓库主管，很多老员工不服气，说韦伯不过才来公司几天，为什么比他们升职快。老板说："韦伯虽是一名新员工，但他把公司的事当成自己的事。上次下雨，你们谁来仓库看过一下？可能你们觉得，你们只是一名门卫，照看仓库不是你们的责任，可韦伯不仅完成份内事，还完成了规定范围以外的事，这样的人不做库房主管，还有更合适的人吗？"

换位思考，工作时想着老板，发工资时老板才能想着你。有些人，工作时只守着自己的一亩三分地，不是硬性规定，油瓶子倒了都不知道扶一下。同理，老板也要想着员工，员工才有可能好好工作。看两个海底捞的故事：

一天，三个喝多了酒的男人同海底捞的服务员吵起来，并且动手连打了两个女服务员。海底捞的男服务员不干了，把三个人打了一顿。结果，对方临走时扔了一句话，"你们等着！"不到三个小时，来了两辆卡车，跳下60多个手持棍棒的大汉，条件是给五万元赔偿，要不就砸店！

海底捞马上拨打110报警，可是警察赶过来要有一段时间，这段时间他们把店砸了怎么办？此时，海底捞的店长杨晓丽一声令下，一百多个员工冲出店！男员工在前，女员工在后，她一个二十一岁的姑娘站到了中间。

俗话说的好：凶的怕不要命的！仗势欺人的人，心总是虚的，那六十多个大汉站在马路对面，硬没敢过来！事后有人问店长："你当时害不害怕？"晓丽说："忘了害怕。当时就想一件事，这个店装修花了那么多钱，绝不能让他们砸！"那人又问："他们过来你们真敢打？"店长说："他们要动手，那就没办法了！"

紧接着店长又向我们讲述了另外一件事，"那天我值夜班，早上5点钟，天快亮了，大厅只有两三桌客人。突然有一桌的客人摔起了杯子。我当时心里有点火，虽说杯子不值钱，但也是我们用汗水换来的。服务不好，可以提意见嘛！但转念一想，也许他们喝醉了，只要不故意闹事就好。看他们已经买单，我心里的紧张渐渐消失了。

可是，他们走到电梯口时突然对我们的同事动起手来，并且摔我们的发票机。我们几个女孩什么也不顾了，冲向电梯口和他们搏斗，但是他们人多，还是男的，我们打不过他们。他们看我们惨败的样子，露出嚣张的奸笑，这是我看到的最丑陋的男人面孔。当他们要走的时候，我们又冲上去，死死扭住他们一个。当警察赶来后，他们最终赔了我们七千元。虽然不是太多，但也是我们努力追回来的一点损失。

事发现场一片惨状，看着同事们头上的伤和地上的血，我很奇怪第一次打架怎么没有一丝恐惧。此刻，我突然明白了，因为我已经融入这个海氏大家庭，把自己当成家庭的一员。所以在危险时刻，没有逃避和退缩。"身体羸弱的小姑娘为上班的火锅店不顾一切同几个大男人搏斗，员工心甘情愿为它拼命。海底捞到底给员工灌了什么迷魂药，让员工这样对它？

不知道你们对餐饮行业了解多少，据我所知，有些服务员下班后就住在店里，几个椅子一拼，睡在上面。还有员工住地下室。但海底捞员工宿舍是正儿八经的三居室，专人打扫，拆洗被褥，这样的待遇在其他企业很难想象。而且，海底捞的培训也很奇葩，包括如何过红绿灯，如何使用银行卡，如何使用电梯，等等。也许很多人觉得可笑，我给你讲个真事，你就知道他们这样做的必要。

老家有个人到城里当保姆，伺候一个病人，每天做点饭，洗洗衣服就可以，活不累，挺清闲。她干了12天，说什么也不干了，一定要走人。“为什么？”很多人这样问。雇主家在16楼，她每天走楼梯上下，不会用电梯，这谁受得了？因为这事，她不干了。别看这么一件小事，对于有些农村人来说，却是无法逾越的鸿沟。农村人，初到城里，人生地不熟，很别扭。会遇到很多麻烦事比如：找不到路，找不到厕所，吃饭特别贵，住宿更不敢想，只能在候车室住等难题。

海底捞这样做，是把来自偏远山区的员工当成兄弟姐妹一样对待。你说，公司这么对员工，员工能不好好干活吗？海底捞把员工当成自家人看待，遇到困难，员工挺身而出，也就不难理解了。

马克·吐温说：“人可以为了保卫家园而战斗，谁也不会为了保卫单身宿舍战斗。”那么，你的企业，是员工的家园，还是单身宿舍呢？

电影《甲方乙方》中有这样一句话：“梁子，既然张先生来了，就让咱家的骡子呀马啊那些个大牲口都歇了吧！”一些企业，只把员工当成赚钱的工具，这样对员工，还指望他与企业同甘共苦？员工也不傻！我们再看海底捞的故事。

有次客人点一份鱼丸，客人问：“一份几个？”服务员意识到，客人可能担心不够，一点人数，十个人，一份鱼丸只有八个。服务员说：“一份八个，不过你们人多，可以再给你们加两个。”客人很满意。海底捞生意火爆，回头客很多，难道就因为这些小恩小惠吗？客人愿意去，是因为他们真心为客人着想，这让他们与其他饭店比起来不一样。不要小看那两个小小的鱼丸，它代表一种品质，而这种品质能获得顾客再次光顾的机会。

海底捞起家也是因为服务。创始人张勇开了一家火锅店，一次一位干部下乡回来，鞋上、裤腿上沾了好多泥，张勇帮他擦了。你去过哪家饭店，看你鞋脏了，帮你擦鞋？正是靠着这种服务，海底捞一步一步做了起来。正是这种处处为顾客着想的品质，让他们在众多饭店中独树一帜。

为什么独树一帜？还是那句话，因为能为别人考虑的人太少了。都在打自己的小算盘，少数人为别人考虑，他们就能赢得机会。所以，即使你的出发点仅仅是为自己考虑，也不能仅仅考虑自己。因为考虑别人，能让你得到更多，不考虑别人只想自己，你失去了什么东西自己都不知道。

“贞观之治”作为历史上少有的盛世一直为后人推崇备至，唐太宗李世民那句“水能载舟，亦能覆舟”的警句也广为流传，一般人认为，这句话是提醒当政者注意人民的力量，它能够拥护你，也能推翻你。其实这句千古名句还有另外一种解释：“水能载舟，亦能覆舟。并不是不要剥削，而是要把剥削控制在老百姓可以接受的范围内。比如老百姓一年收十斗粮食，为维持生存全家需要三斗口粮，那我们就收七斗租子，给别人留条活路。假如你一年非收九斗租子，只剩下一斗，别人为了活命，只能起来和你拼命。只有考虑老百姓的死活，才能实现长治久安。所以水与舟的道理，最终是为我们自己利益考虑。”

鲁迅先生讲：“中国历史只有两个时代，一个是‘暂时做稳了奴隶的时代’，一个是‘欲做奴隶而不得的时代’。”所谓的大治盛世，只不过是能让老百姓喘口气，安稳做奴隶，这已经求之不得了。翻开史书，看看屈指可数的“盛世”，就知道换位思考的君主何其稀少。

历代帝王接班人教育，只是从道德角度要求仁者爱人，对百姓实行仁政，并没有讲清其中的利益关系。小王子们身居后宫，衣食无忧，对老夫子的教诲不免困惑：“为什么要实行仁政，为什么要善待百姓，老百姓的死活和我有什么关系？”

利益面前，道德是脆弱的。面对利益，我们没必要把自己装扮成道德高尚的救世主，对自己没好处的事谁会去干？承认人的自利性不是什么丢人的事，这是人的本性，关键是把利益讲清楚。比如执政者，老百姓不是你想怎么宰割就怎么宰割，他们的死活与你有很大关系，你不让他活，他也不会让你过得痛快。

工作中要换位思考，家庭生活中，也要换位思考。有位夫人，在闷热的厨房中忙乎一下午，做好饭，等丈夫下班回来。丈夫下班后，看着桌上热气腾腾的饭菜，说一句：“这么热的天，你就不能做点冷饭吗？”“听到他说这样的话，我的心都碎了。”夫人回忆说。“你为什么不把饭扣他脸上？”当夫人向别人讲述她“心碎”的经历时，一位刚结婚的小妇人这样说。“扣他脸上？我从来没这样想过。那件事令我很伤心，我那时唯一想的就是如何做好一锅冷饭。”夫人在她们结婚四十五周年纪念日上这样说。

这几年，闪婚似乎越来越多。腊月结婚，过完正月就离婚，刚出完份子钱，人家已经离了。大多数人都会说，“年轻人不懂事，太冲动。”可是不离婚就一定好吗？有些人虽然没离婚，恐怕也算不得幸福，只能是凑合着过吧？

就像本例中，遇到这种情况，相信很多人都会发火：“我辛辛苦苦给你做饭，你不理解，还埋怨我。”丈夫也有他的道理：“大热天，你就不能理解我。我在外面干一天活，回家后想吃点冷饭都不行？”公说公有理，婆说婆有理，谁都有自己的道理。家不是讲理的地方。

理解包容，比谁对谁错更重要。只要有一个人让一步，懂得换位思考，就不至于闹得不可开交。就像例子中，丈夫不理解夫人，那夫人先理解丈夫，人心都是肉长的，你这样对他，时间长了他能没转变？寸步不让，非要争论是非对错。家散了，谁对谁错还有意义吗？

小孩为什么害怕打针？怕疼。更主要的是害怕那种场景。你想啊，两三个大人，不由分说把他摁床上，也不知道要做什么，能不害怕？如果对孩子说清楚，打针有点疼，但这种疼痛是可以忍受的，孩子都能理解和配合。一般家长有两种做法，一种是强制，一种是哄骗，宝贝，打针一点都不疼。你打针一点都不疼吗？被骗一次，下次再也不相信你。不仅仅是孩子，即使成年人到医院看病，心里也没底。

母亲突发性耳聋，住院治疗。在检查室，医生说你可以出去了。我说："让我在这吧，我妈听不见，她不知道要做什么检查，会害怕，我在屋子里，她会放心。"检查时，我一直握着母亲的手，让她知道无论发生什么事，儿子永远会和她在一起。

看完耳科，母亲因为糖尿病住到了内分泌科。同病房住的还有一个1型糖尿病小伙子，十八九岁的样子，脾气很坏，总是冲他爸妈发火，病房里其他人都看不下去，纷纷指责他。我说："对这个孩子我们还是多理解。你们是2型糖尿病，胰岛素相对缺乏，最坏的结果是糖尿病并发症，打上胰岛素，控制好血糖，对身体没什么大影响。他是1型糖尿病，胰岛素绝对缺乏，等于身体不分泌胰岛素，完全需要外界补充，在胰岛素发现之前，这种糖尿病属于绝症。现在虽然有胰岛素，如果控制不好，还是可能导致酮症酸中毒，严重时危及生命。和他年纪相仿的同龄人不是上学就是上班，有说有笑，对生活、人生有美好憧憬，他患有这种糖尿病，以后工作、婚姻都可能受到严重影响，换做我们，也可能心情烦躁，难以控制地发脾气，多理解，少指责。"有闲暇时间，我经常和小伙子聊天谈心，后来我俩成为很好的朋友。

不懂换位思考，一直强调自己正确，效果反而不好，甚至引发悲剧。

圣诞节前夕，一位妈妈带着5岁的孩子选购节日礼物。大街上五光十色的灯光洋溢着浓浓的节日氛围，店铺中琳琅满目的圣诞礼物应有尽有。妈妈想："孩子看到这么多可爱的礼物，一定会非常高兴。"正当妈妈隔着橱窗挑选店内商品时，孩子呜呜地哭了起来。她不明白："这么多好玩好看的礼物，为什么还不能让孩子高兴？"孩子说："我鞋带开了。"妈妈低下身为孩子系鞋带，无意中发现，从孩子的角度看去，店铺中只有大人的脚印和晃来晃去的裙摆，太恐怖；而圣诞礼物高高在上，孩子看不见。

中兴票券金融股份有限公司副总经理齐宁媛，是一位杰出经理人。她总能理解下属难处，即使面对犯错的人，也不会疾言厉色，而是委婉规劝，因此她成为公司最受欢迎的领导，员工视她为知心朋友。

她这种管理风格，源自一幅画的启发。一天她去参加家长会，看见一幅"妈妈带我去上街"的图画，画中只是许多条腿。她很纳闷："为什么只是腿，而没有其他东西呢？"老师解释说："小朋友个子小，以他们的角度观察，逛街时当然只能看到许多大人的腿。"

这幅画让她陷入沉思：如果要小孩看到全街上的情形，就得把他抱到与大人相同的高度；同理，要部属完成工作目标，就要站在他们的角度训练、帮助他们，使他们逐渐地进步与成长，否则部属会像那小孩一样，永远只能看见别人的腿。

一个孩子高兴地说：“告诉你个好消息，我爸妈要离婚了。”他说这话，让我大吃一惊。真想不到什么原因能让一个孩子对父母离异如此兴高采烈。后来我约他们一家三口吃饭，了解他家情况。孩子说：“我爸爱喝酒，回家就撒酒疯，吓得我不行，都不敢在家里。他们俩总是吵架，几乎没有一天清静，我真想离家出走。”父亲听孩子这样说，第一次意识到酒后失态对孩子的影响，母亲也感到夫妻争吵对孩子心灵造成的伤害。父亲当场保证为了孩子以后不再喝酒，父子之间的隔阂开始消融。

印度大诗人泰戈尔说：“世上最远的距离不是生与死，而是我站在你面前，你却不知道我爱你。”你以为这是痴男怨女之间的情话吗？或许用它形容有些父母与孩子的关系更合适。

2009 年 12 月 13 日晚，陕西省镇安县云盖寺镇初中二年级学生文文（化名）在晚自习回家路上，伙同同学用菜刀杀害来校接自己的母亲汪某，将尸体埋在农田里，三个月后才被发现。

2000 年 1 月 17 日，浙江省金华市，16 岁高中生徐力用榔头砸死母亲；徐力杀死母亲后移尸灭迹，写字条说妈妈去杭州“看病”，照常考试。

2001 年 3 月 1 日，一位中年妇女被送往上海杨浦区中心医院抢救，胸部有4处伤口在汩汩流血，凶手不是别人，正是她一直呵护有加的女儿。

2001年5月16日清晨，黑龙江省五常市一位妇女在家中被害。警方确定犯罪嫌疑人为死者儿子钟某。据介绍，钟某用拆成两片的剪刀将睡梦中的母亲扎死，母亲胸部、腹部被捅出20多个窟窿。唯恐母亲不死，又用水果刀将母亲喉管割断，再把事先准备好的农药倒进母亲鼻子和嘴里。之后，钟某脱下血衣逃离现场。

2005年2月27日深夜，上海杨浦区一户民宅内，48岁的女主人邹某已酣然入睡。猛然间，邹某迷糊中感觉似有重物压身令她难以透气，睁眼定神一看，竟见自己视为心头肉的19岁女儿盈盈骑在自己身上，用枕头闷盖自己。“你疯啦！盈盈！”邹某惊恐地叫喊着。盈盈死命用手捂住母亲的嘴，生怕其喊声惊醒左邻右舍。这时盈盈的男友韩某冲入房内，帮助盈盈一起欲置邹某于死地，三人于是在床上扭打在一起。无法动弹的邹某只好张口咬盈盈的手，企图借机挣脱两个孩子的按压。盈盈痛得松了手，无意瞥见桌上的水果刀，随手操起来不假思索地刺向母亲。浑身冒血的邹某体力愈见微弱，唯有气喘吁吁地哀求女儿住手。

……

到底父母对孩子做了什么，让本应是骨肉至亲的家人变成不共戴天的仇人？

让我们通过一篇新闻报道听听孩子想法：

广西新闻网报道：17岁孩子杀死父母 面对双亲坟墓仍拒绝道歉

采访对象：陶陶（化名）

采访时间：10月17日

案由：2002年，因故意杀人罪被判无期徒刑

这是一起严重背弃人伦和道德底线的命案。事情已过去6年，杀死双亲的陶陶也23岁了，苦苦挣扎中，他虽然还没有得到最终的救赎，但学会了平静地接受现实。10月17日午后，陶陶和记者谈了很久。以下是陶陶的自述：

谈起爸爸，陶陶说："他有成就，但我并不欣赏。爸爸是高级工程师，他工作认真努力，是同龄人中的成功人士。这在很多人眼里绝对是耀眼的，但我并不欣赏他，甚至还有点反感。

"他工作忙压力大，很少和我说话，彼此也不怎么交流，也交流不起来。他非常的自我，这一点，在我身上也有遗传。在我看来，两个自我的人很难融洽相处。他的自我由现实中的成就来支撑，再说，他是我爸爸，又是名副其实的精英，所以，他和我说话从来都是命令式的。他的命令一旦传达，我只有接受的份，要是有半点不同意，巴掌马上就到脸上了。

"一次，他对我说：'有个奥林匹克数学训练班，我帮你报

名了，到时候按时去上课。’我最不喜欢的就是数学，而且这事之前他并没和我商量，但我知道这就是他的风格，不容我不同意。最后的结果是，我去上课了，但上到一半就逃课跑出去玩了。

“爸爸是有身份的人，很爱面子。他们这些中年人在一起，总爱拿自己小孩的学习成绩攀比。每当这个时候，他都觉得没面子，因为我的学习成绩总是保持在中游。爷爷“出身”不好，曾吃过不少苦头。爸爸很争气，凭着自己的努力，超越了曾是工程师的爷爷。所以他对我也寄予厚望，希望我能够超越他，但我对他的这一观点并不‘感冒’。”

谈论起妈妈，陶陶说：“她关心我，但脾气暴太啰嗦。妈妈在政府部门工作，是一个部门领导。她的应酬特别多，一天到晚都在忙，很少有时间陪我。她身体不好，脾气又暴躁，说起话来啰嗦又不讲理。妈妈无疑是最关心我的人，每年到我的生日，她总会在我身边。她知道爸爸在外面有情人，也是因为我的缘故，才硬撑着不离婚，但我不喜欢和她在一起。

“妈妈总喜欢拿我和别家的小孩来比，总数落我不如别人家的孩子，她总会把我说得一无是处，让人无地自容。妈妈比较狭隘，单纯和她讲道理是行不通的，所以我就学会了左耳朵进右耳朵出。遇有不同意见，就藏在心里，因为我知道，一旦我表达出我的想法来，她就会更加没完没了。

“妈妈的心思多，疑心重。她得知父亲有了情人，就经常向我打听，我总是回答不知道。这样一来，妈妈就觉得我和爸爸是一伙的，变得不信任我，也常常把对父亲的不满发泄到我身上。其实我在这件事情上是保持中立的，包括爸爸偶尔也问我关于妈妈的事，我的回答也是不知道。”

陶陶最后说：“我不是别人的机器，我继承了父亲的自我，我有自己的想法。他们两个都想拿我来给他们‘长脸’时，我就会在心里反驳。

“我有别人羡慕的家世，过着饭来张口、衣来伸手的生活，可我身上并没什么坏习气，也没和那些坏孩子混在一起，和同学们相处得都很好。但我并不喜欢人多的地方，不喜欢过多地和朋友们待在一起，因为我受不了有些人说无聊的话、做无聊的事。更多的时候，我都是一个人听音乐、看电视。

“爸爸妈妈都是大忙人，我小时候在爷爷奶奶家长大。后来我和父母住在一起，但他们还是很忙，我早早就学会了自理。他们给我足够的钱，像是作为疏于照顾的补偿。

“我的成绩总是不上不下，而且偏科厉害，我喜欢语文和英语，不喜欢数学。我和父母争吵的焦点就是学习，他们总想让我好好学习，争取以后出人头地。但我觉得他们的这个目标很无聊，我不想在任何事情上为难自己，只想做自己喜欢的事情，只想按照自己的方式生活。

“我们这个三口之家，几乎没有一起坐下来交流的时候。到了周末，爸爸躺在床上休息，妈妈看电视，我在做作业。要不是电视机的声音，别人绝对不会以为房间里面有人在。在教育我和置办‘家当’上，他们也是出奇的一致，只要一个人决定了，另一个肯定会支持，绝不会出现商量和争议的情况。

“他们彼此不说话是正常状态，要是偶尔说话多了，反而让人觉得很反常。他们说话，都是以‘我’开头的，在我的印象里，就是其中一方传达两人共同的决定，都绝对没有用过‘我们’。我对他们的评价就是：最熟悉的陌生人。这种状况，让人感到很压抑。

“我很少去同学家，也不知道别的家庭是什么样的，但有一次却让我感到十分不可思议。那是上初中时，我们几个同学在打篮球，突然一个同学的妈妈出现在球场。同学的妈妈经常出差，很久才回来一次。这位同学看见后，就马上跑过去抱着他妈妈。这个举动让我觉得很惊讶，但更不可思议的还在后头——同学的妈妈抱着儿子，并没有问学习的事情，而是让儿子打完球后，记得冲凉换衣服，并叮嘱要按时吃饭，说身体才是最重要的。

“我永远都记得这个小细节，因为在我的印象里，这样的事绝对不会发生在我身上。要是换作我妈妈，先不说她不容许这么亲昵的动作，就是我一身臭汗地去拥抱她，也肯定会被训斥一顿，而且一开口肯定是问学习怎么样。

“2002 年 2 月 22 日，我一辈子也不会忘记这一天。那时我

17岁，上高一。那天是周五，我做练习一直到晚上11点多，终于把当天的习题做完了。妈妈还要我继续做作业，我不同意，于是她就开始数落起来，说我学习不用功，并且把以前的陈年旧账都扯了出来。我被说得不耐烦了，就和她对嚷起来。她见我不听话，便动起手来，我也还手了。

“要是在以前，我会一走了之。但当天，妈妈正好堵在门口，我没有办法跑出去，就躲进了厨房。妈妈还是不依不饶地跟了过来。打斗中，我一时失去理智，抓起厨房的刀具就乱舞起来。妈妈被砍倒后没几分钟，爸爸回来了。他看到了当时的情景，马上拿起一根棍子来打我。我身上被打了好多下，我认为他肯定不会原谅我的，于是下手就狠了些。

“最终，爸爸也倒在了地上，我周围的一切全都静了下来，只听见爸爸喘气的声音。我在地上呆呆地坐了近半个小时，才慢慢回过神来。看着眼前的一切，我有点害怕，但又好像是把十多年的压抑都释放了出来，身上有一种疯狂发泄后的虚脱感。

“清醒后，我洗完澡换了衣服，去了一个同学家。那两天过得很漫长，我只是觉得周围非常安静，同学并没有发现什么。周日，我又回到了小区，我上到楼顶，本想从30层楼的地方跳下去，但我没法挪动脚步，我才发现人原来那么脆弱。我回到家里，看见父母还躺在那里，我一下子晕了过去。再醒来时，我已经躺在了医院，旁边是叔叔和警察。

“医生给我打了一针镇定剂，我才缓过来，于是把一切都招了。当年5月，我因故意杀人罪被法院判处无期徒刑。”

教育的目标是让孩子幸福快乐地成长，然而快乐对有些孩子而言只是传说中的东西。不要总以“为他好”的名义把自己的意志强加给孩子，孩子也是人，他们有自己的心理感受和认知能力。如果真为孩子好，就要站在孩子的角度，推心置腹地为孩子考虑。有些人抱着“恨铁不成钢”的态度，以为对孩子要求越严厉越好，其实不然。爱孩子，就要从孩子的角度考虑问题。

第三节 换位思考：理解

换位思考可以让我们多些理解，对别人的经历感同深受，会产生一种悲悯情怀。甘地说："正是因为我自己非常怕死，所以才会对别人的死流下眼泪。"这和我们所说的"己所不欲，勿施于人"是一个道理。

我小时候过年时很喜欢打牌，想赢钱，现在对赌博一点兴趣都没有了，怎么做到的？有一年，我又在赌博，全输光了。赌徒，输光之后，可能很多人想的不是停止，而是找本钱再继续赌。我也一样。没钱该怎么办呢？想来想去，家里的钱藏在大衣柜里，那里还有120块钱，过年准备给我买新衣服的。我把大衣柜锁撬开，偷出120块钱，拿去赌。又输的一分不剩。这时候才感到害怕，后悔。

那件事以后，我真体会到输钱的滋味不好受，太痛苦。那么，别人输钱，不是也会很痛苦吗？为什么要赢别人的钱，把自己的快乐建立在别人的痛苦之上呢？自己不想痛苦，却要让别人痛苦？那时候我还不知道“己所不欲，勿施于人”这句话，就是觉得那样不好，不应该让别人痛苦，不应该让别人输钱。既不让自己痛苦，又不让别人痛苦的办法，就是不赌。

不想赢钱，自然就不会去赌，有谁会为了输钱去赌博？我身边有几个亲人，喜欢赌博，那真是害人害己，家庭支离破碎，身体也赌跨了，究其原因，就是想赢钱。如果我们能换位思考，不想给别人带来痛苦，不想赢别人的钱，那还会去赌吗？所以，你看，这些大道理，看似没用，实际运用起来，有很强效果。我就是用这个原理，彻底远离赌博，因为我不想让别人痛苦，不想赢钱，那自然就不会输。

曼德拉小时候，有一次骑毛驴玩，毛驴跑得很快，把他摔下来结果浑身是伤。小伙伴们跑过来，“曼德拉，活该啊，差点摔死吧。”别人的讥笑和嘲讽。让曼德拉感觉很痛苦。“即使在我很小的时候，就知道让别人遭受羞辱是一种不必要的、残酷无情的打击。”曼德拉说。你看，他从自己的经历，推广到别人身上。

我们或许也有被人歧视、瞧不起的经历，那种滋味很难受。那么，是否换位考虑一下，我们瞧不起别人的时候，别人是否也会很难过，很痛苦？换位思考很多人都知道，或者至少听说过，即使不知道，也会不自觉运用这一方法。“如果我要是你，我会怎样怎样”这不是换位，这是把自己的思维强加在别人头上，换位思考要把我们置身在别人的位置，设身处地考虑别人的感受。这个说起来容易，做起来有困难，主要体现在两个方面。

一、全然的了解，就是全然的宽恕

两个朋友相约吃午饭，结果到时间另一个朋友还没来，他等了一个中午，另一个朋友始终没有出现，也没有打电话解释原因。他十分气愤，感觉朋友太没礼貌了，连最起码的尊重都没有。另一个朋友为什么没来？他不知道。反正就是约好一起吃饭，朋友不守时，还没有解释，令他无法接受。实际情况是，另一朋友准备赴约，下楼时摔倒了，滚下楼梯不省人事，在医院昏迷一天多才醒过来。

误会就是这样产生的，我们不知道当时的情况，所以很生气，如果了解情况，恐怕谁也不会生气吧？有些人口头禅是：我还不知道他，他就是怎样怎样。可是，你真知道吗？是否了解当时的真实情况？

一代成功学大师孔子，一生周游列国，宣传自己的治学主张。那时候成功学不像现在这么吃香，孔子收入不高，有时候还不免忍饥挨饿。有一次，在陈、蔡两国交界的地方没粮食了，七天没吃饭。颜回讨到一些米，抓紧做饭。孔子看见颜回用手抓锅里的饭吃。虽然饿得两眼昏花，但这件事孔子还是看得清清楚楚。然后他继续假装睡觉。过了一会，他起身说："刚刚梦见我的先人，我自己先吃干净的饭然后才给他们吃。"颜回也不是傻子，当然知道孔子说什么。他回答："老师，不是那样的，刚刚碳灰飘进锅里弄脏了米饭，丢掉又不好，就抓来吃了。"

你看看人家颜回，好不容易讨到些米回来做饭，自己把脏饭吃了，还遭别人误会，冤不冤啊？于是孔子感慨："按理儿说吧，应该相信自己的眼睛，但是眼睛也不一定可信；应该相信自己的心，心也不可以相信。你们记住，要了解人本来就不容易啊。”

你看，孔子这样的圣人都有不了解情况的时候，所以才告诫自己：不要轻言了解谁，小心被自己的眼睛骗了。

唐僧师徒路过凤仙郡，见庄稼都旱死了，颗粒无收。这可苦了凤仙郡的老百姓，死的死，逃的逃。郡侯爱民如子，整天求雨，却不见雨来。孙悟空打抱不平，要管管这事。他先找到龙王，龙王说这是玉帝旨意， 于是他又上天找玉帝。玉帝说，我准备了三件事，一座米山，让鸡吃；一座面山，让狗舔；一个金锁，用火烧。什么时候，米山、面山吃没了，火把金锁烧化了，凤仙郡就可下雨。这不为难人吗？

孙悟空是个聪明人，知道其中肯定有原因，于是找关系打听，到底怎么回事。有些神仙支支吾吾给孙悟空透了个底，“郡侯干了伤天害理的事，是上天惩罚他。”孙悟空返回凤仙郡，问郡侯是怎么回事。郡侯解释到，自己的儿子强抢民女，但是自己老婆又护短。

孙悟空一听，原来是这事，难怪上天怪罪。孙悟空又上天，说郡侯知道错了，他已经改了，快下雨吧。玉帝还是不依不饶，“你个猴子，折腾半天，没弄清重点，郡侯还有事情呢。”孙悟空又去问郡侯，郡侯实在不知道因为什么事。

孙悟空火了，要跟玉帝来硬的，玉帝一看，软了，道出了实情。玉帝有一次出外游玩，行至凤仙郡领空，见人间有果品供奉，正好饿了，准备下去吃点。他刚要去吃，只见郡侯一脚把桌子踢翻了，果品散落一地，被狗叼走了。玉帝是谁啊，能受这个窝囊气？于是他立刻给龙王下旨：“凤仙郡不许下雨，什么时候下雨，另行通知。”

孙悟空说：“你只看见他踢翻贡品，却不知他为何那样做吧？”“哼！这还用问，用脚趾头都能想明白的问题，这是对我的侮辱，所以我才要惩罚他。”玉帝回答说，“郡侯儿子强抢民女，郡侯发现后，要把女子放了。可是郡侯夫人护着儿子，不让放，两口子打架，郡侯一怒之下，才踢翻贡品。这其中的原因你可知道？”“你不问青红皂白，不知事情来龙去脉，只看一个行为，就要惩罚凤仙郡老百姓，该当何罪？”你看，玉帝只看到郡侯踢翻贡品，却没看到郡侯为什么这么做。只为自己没吃上好吃的，就惩罚全郡老百姓，这误会闹大了。

甘地路过一个村庄，看见村里妇人衣服很脏。甘地说：“我早就知道印度人不讲卫生，可没见过像你们这么脏的人，为什么不洗衣服呢？”于是这些妇女把甘地领到家中，说：“你看，家里什么都没有，没有盒子，没有放衣服的柜子，身上只有这一条纱丽，我拿什么换呢？神灵如果再给我买一条纱丽，我一定天天洗澡，每天把衣服洗的干干净净。”此时甘地才意识到印度穷人到底有多穷：他们家徒四壁，没有一件像样的家具，没有可换的衣服，只有一条破布遮身。

将军准备挑选一支突击队执行危险任务。他对等待挑选的士兵说：“这次任务危险艰巨，哪位愿意主动参加，请向前迈出两步。”这时参谋走过来递给他一份战事简报，他扭头与参谋低声交流几句，然后看被挑选士兵，居然没人向前迈出两步。他大声训斥道：“养兵千日用兵一时，现在正是国家需要你们的时候，难道一个人也没有……”“报告将军，我们每个人都向前迈出了两步。”这时将军才明白，是自己误会了这些勇敢的士兵。

一个小孩，晚上经常坐在小区路边。路过的行人纷纷问：“孩子，你在做什么？”孩子回答：“我在等妈妈回家。”于是大家都会继续问：“你妈妈做什么去了？”孩子回答：“她去参加聚会。”“作为母亲，怎么可以扔下孩子不管，自己参加聚会，而且经常很晚才回来，你的良知和责任心在哪？你配做母亲吗？”听到孩子的回答大家纷纷这样说道。

实际情况是，孩子母亲白天参加两场销售聚会，晚上等孩子睡下，还要参加一场，靠这种方式，单身母亲一人养活三个孩子。人们看到路边的孩子是她大儿子，母亲出门后，他顺着窗口的树爬下来，坐在路边等母亲回家。义愤填膺的你，想到了吗？

不了解情况，盛怒之下，有可能造成悲剧：美国阿拉斯加，一对年轻人结为夫妇。婚后妻子难产去世，剩下丈夫与孩子相依为命。丈夫训练一只聪明的狗帮他照顾小孩。有一次丈夫外出遇到暴风雪，当天没法回家，只好在其他村庄住宿一晚。第二天，当他匆匆忙忙赶回家时，发现孩子不见了，他焦急万分。这时，帮他照顾小孩的狗跑过来，亲热地在他身上蹭来蹭去。他看见狗嘴边上残留着血迹，顿时怒火中烧：“好一只没良心的狗，平时对你那么好，居然趁我不在家时把小孩吃了。”一边说着一边举起木棒，狗还没明白怎么回事就一命呜呼了。冷静下来的他仔细搜查房间每一个角落，希望能找到孩子的遗物。当他找到床底时，发现孩子正酣然入睡，毫发无损。孩子旁边躺着一只满身是血的狼。很显然，狗与狼殊死搏斗才保住孩子性命，主人在没弄清事实情况下滥杀“功臣”。

亚里士多德说：“全然的了解，就是全然的宽恕。”很多事情，我们只是一知半解，不了解情况下结论，容易产生误会。

地铁上，一个男子带着三个孩子，孩子哭闹不止，让人很烦。有人提醒说：“先生，你是不是该管管你的孩子？”男子说：“是啊，我是应该管管他们。我们从医院出来，他们的妈妈刚刚去世，也许，他们正像我一样不知所措。”满车默然。

你看，看似不能原谅的行为，在我们了解了原因后，也可以理解。理解化解社会的冷漠。并不是谁好，谁不好，我们都不是坏人，很多时候，是因为不了解情况造成的误会。比如，公交车让座的问题，有些年轻人占着座位不让，是不是缺乏公德心？这要分情况。

一位孕妇，工作原因需要在上下班高峰期坐公交车，这趟公交车的始发站是一家大型的工厂。所以每次孕妇上车后，基本都没座位，她就站在红色座椅（老、幼、病、残、孕专座）附近，期待坐在红色座椅上玩手机的年轻人给自己让个座位。但年轻人对她熟视无睹，没任何让座的意思。孕妇因此认定这些年轻人毫无公德心。换成我们，大概也会责备这群不懂事的年轻人吧。

有一天，她看了一篇关于这家工厂的报道，说这家工厂的员工，每天在流水线工作十几个小时，枯燥乏味，稍有怠慢，就会遭到组长的责骂。此时，她才明白为什么这些坐在红色座椅上的人对孕妇视而不见，因为他们同样身心疲惫。他们甚至更需要一个座位进行一天的放松和休息。以后再有年轻人让座，她心里还有些过意不去，十分感激。

我们习惯于用自己所知道的情况对别人做评价，这很正常。但是很少有人知道，自己的认知具有局限性。就像孔子所说，即使是亲眼所见，也不一定可信，所以当自己怒气冲冲，要找别人算账时，多问问自己，事情是否真是这样的?

人性中有善的一面，但人的认知有局限性，认知局限制约人性发挥。意思是说你原本很善良，只是有些事情不了解，所以才导致偏见，偏见产生误会，误会导致矛盾，很多事情，不是谁好谁坏，没有坏人，只是由于不了解情况而造成的误会。等我们了解情况后，就能多一些理解与宽容。

讲几个我的例子。

以前我特别讨厌买彩票的人，认为那些都是不劳而获，这怎么可能？人要靠自己，幻想通过彩票改变命运，比母猪上树都难。对这些不劳而获的人有些鄙视。

后来看了一个电影《贫民窟里的百万富翁》，对我触动很大。印度有一档综艺节目《谁想成为百万富翁》，回答正确问题可以晋级下一题，奖金翻倍。回答错误，一切归零。有个来自贫民窟的小伙子——

贾马尔参加了这个节目，最终成为百万富翁。但是一个贫民窟的人，怎么会把所有刁钻古怪的问题回答正确呢？是不是在作弊？于是警察展开了调查。随着调查的展开，贾马尔的成长经历也一点点展现在人们面前，那些答案伴随着贾马尔充满血泪和恐惧的生活轨迹，比如教派冲突中母亲的惨死让他知道了教义中罗摩神手里面握着的究竟是什么；迫于生计成为乞丐，差点被黑帮老大挖掉眼睛成为赚钱的牺牲品，使他了解了在一百美元的钞票上，印着的是哪一位美国总统的肖像。

其实，这部影片并不是说钱的问题，其本身含义是希望和乐观，贾马尔虽然经历过种种苦难，但仍坚持选择幸福，最终收获成功。通过这个电影，让我看到了人间百态，每一个人，都有追求美好生活的热切愿望。或许我不认可这些方式，但是追求美好生活，我和他们是一样的。

还有一次，我和一个人聊天。她说办了张健身卡，还请了私人教练，一个月可以上十五节课，一节课两百块钱。当时我就震惊了，脑子中第一反应，“她是不是有病？”我知道她家并不是很富裕，去健身房已经够奢侈，现在还要请教练。当然我没说出来，只是心里犯嘀咕，我实在理解不了她为什么会这样做。后来从她的谈话中，我了解到她很重视外貌、形体。怎么说呢，有些女人对外貌很重视，也许跟某些男人重视钱一样，那不是漂亮和有钱的问题，而是事关自信，自我价值。

每个人都需要通过一定标准来确立自我价值，这是人存在的基础。也许她把容貌当成自我价值的标准，这样就不难理解了。可以省吃俭用，但是不能不漂亮。我不追求外貌，但也有自我价值的需要，这点我和她没有区别。也许别人看我花几千块钱买书，也会说我有病。

其实，大家都没病，都想好，人类共有的情感是相通的，都在追求美好生活，这点我们是一样的。不理解，是因为不了解情况，了解之后，就能包容。

我与爱人多次因为买糕点发生争吵。她喜欢买一些看起来平淡无奇的糕点，比如无水蛋糕之类的。我喜欢买一些夹层、色彩鲜艳的糕点。因为她觉得有颜色的可能有色素。不过只要是她不在场，我还是喜欢买那些夹层的糕点。为此发生过多次争吵，无法取得一致。她很纳闷为什么我一直喜欢买那些做工花哨的糕点。

后来找到原因：小时候家里穷，没吃过好东西，不像现在的孩子，很小就吃生日蛋糕。我小时候，不但没见过，甚至都没听说过世上还有生日蛋糕这种东西。

有一次，村里来了一个小贩，不知从哪个糕点厂进的已经风干的像石头一样硬的糕点，一层又一层，中间夹着不同颜色的东西，可能是奶油或者巧克力吧，记不太清，反正就记得和以前吃过的点心不一样，那形状、颜色，一看就知道是高档货。可是硬得咬不动，怎么办？后来我妈想个办法：用锅蒸。水蒸气让已经风干的糕点再次蓬松酥软，太好吃了。长那么大，就没吃过比那更好吃的东西。那些风干的糕点在我记忆中留下深刻印象，以后再见到差不多形状、颜色的糕点，总以为是高档货。其实它们价格和其他糕点差不多，甚至还便宜，但我感觉要高级很多。所以总买那样的糕点。

我把自己对糕点的感受以及经历说给爱人听，之后我俩没为这事再争吵过。她始终不赞同我的观点，但尊重我的感受，接受我的选择，因为那里面有我小时候的记忆。

思想与过去经历有关，找到那段经历，更容易相互理解，取得一致。好比《西游记》，现在有很多翻拍，但始终感觉不如 86 版经典。客观来说，现代的拍摄技术比那时候先进很多。我们无法认同，不是因为它们拍得不好，而是 86 版在我们头脑中有特殊的时代记忆，那种感觉无法被取代。

经过坚持不懈地斗争，曼德拉当选南非第一位黑人总统，标志着南非黑人终于获得了和白人一样的权利和地位。黑人掌权了，黑人翻身做主了，黑人要好好收拾以前欺压自己的白人了。从哪开始呢？从南非橄榄球队开始。南非橄榄球队名叫跳羚队，队员全是白人。以前曼德拉在狱中的时候，只要跳羚队和外国比赛，黑人一定支持外国队，他们把跳羚队当成白人球队，而不是自己国家的球队。

事情凑巧，跳羚队和外国队比赛，输得一塌糊涂。于是，南非体育委员会召开会议，会上全票通过解散跳羚队，这是必然结果，因为委员会中全是黑人。曼德拉听说这个结果后，赶到委员会，对黑人委员说：“我相信，由于信息不充分和缺乏远见，你们做出的这个决定是错误的。”为什么曼德拉说“信息不充分”？黑人仇恨白人，正如之前白人仇恨黑人，都是因为信息不充分。

曼德拉在监狱中不小心把脚扭了，需要到罗本岛以外的医院看病。到达医院后，医生和护士，都不把他当成黑人，而是一个病人。做完手术，医生说：“这个病人要在这里休息一晚上。”狱警不同意：“他今晚必须回去。”“这里不是监狱，我说了算。”医生坚定地说。

监狱只好妥协了。“我再一次坚信了‘教育是偏见之敌’的信念。这些人都是科技人员，而科技是不分种族的。”曼德拉这样说。

南非种族歧视并不是一开始就有，白人也不是生下来就歧视黑人，而是被教育的。白人从小被父母、社会、政府教育黑人不是好东西，黑人是小偷，黑人是抢劫犯，黑人是流氓……他们信以为真。他们并不了解黑人，不知道真实的黑人情况，于是误会与隔阂就这样产生了。

既然教育可以导致偏见，那教育也可以改变偏见。一个白人小女孩跟着妈妈坐出租车，司机是黑人。小女孩问：“妈妈，为什么司机叔叔和我们皮肤颜色不一样。”妈妈说：“孩子，上帝为了让世界五彩缤纷，所以造出不同肤色的人。”下车时，司机死活不肯要钱。他说：“小时候我也问过妈妈同样的问题，妈妈说，因为我们是黑人，注定低人一等。如果我早遇到你，人生或许不会如此。”你说，像这样教育出的孩子，还会有种族歧视吗？

曼德拉代表非国大与白人当局谈判，在谈判过程中，曼德拉发现，这些人对南非黑人和非国大了解不多，“他们都是精明干练的南非白人，远比其他白人思想开明得多。但是他们都是南非片面宣传的牺牲品，因此让他们了解事实真相很有必要。”曼德拉说。

你想，政府找的谈判代表，都是有头有脸的人物，有些是大学教授，有些是商界精英，思想相对其他白人开明很多。但是这些人也不理解黑人，他们不了解黑人，更不了解黑人的诉求，以为黑人就是暴乱，曼德拉被很多白人视为恐怖分子。能说这些白人是坏人吗？不，他们不是坏人，他们只是不了解黑人。当他们了解黑人后，会发现黑人不是他们想象的那样可怕。同理，当黑人了解白人后，白人也没那么可恶，所以曼德拉说：“人的善良就像一个可以被隐藏但绝不会熄灭的火焰一样。”曼德拉能有这种认知，不是凭空想象出来的，而是在生活经历中感悟到的。

曼德拉在克拉吉雷柏学院求学时，哈里斯院长对人严厉，让人害怕。大家对他的惧怕多于热爱。然而就是这样一个谁见谁怕的人物，曼德拉见识到了他另一面。曼德拉经常去哈里斯院长家干活，这期间他得以全面了解哈里斯及其家人。“在这位牧师的严厉面孔背后，是一颗友善、宽阔的心。他由衷地相信教育年轻非洲人的重要性。”曼德拉这样说。

如果只看一面，很多人会觉得哈里斯是个不近人情的古怪老头，有机会了解到另一面，发现他对别人的严厉是想让年轻黑人更上进。由于这些经历，曼德拉认识到，人都有善良的一面，之所以不友好出现矛盾，是因为不了解，信息不充分。了解之后，矛盾和分歧就能化解。正是基于这种思想，曼德拉保住了南非跳羚队。在他的支持、鼓励下，南非跳羚队取得了1995年橄榄球世界杯冠军，在这个过程中，黑人和白人逐步了解，种族歧视的隔阂逐步消失，仇恨逐渐化解。

人与人之间的冲突，根源在于不理解。不理解产生愤怒，仇恨，于是造成了种种悲剧。前面讲过孩子杀父母的案例，还有学生杀老师的事。网上流传过一篇湖南邵东弑师后一位班主任的日记：

早上，我刚拿起电话，打算通知这次期中考试得六分和四分的学生家长来校。听到同事议论湖南邵东弑师的消息。我默默地放下了话筒。叫来这两名学生，温和地说："你看，这次期中考试你们得了个位数字，下周的月考绝不能这样了。天冷了，手更冷，不会写就算了，交白卷吧。"

第二节课，发现一名学生低着头鬼鬼祟祟的。走过去一看，他在读小说。正欲发作。邵东二字眼前一闪。我赶紧帮他把书从桌兜掏出，摊在桌子上，和颜悦色地说："同学，想看就放心看吧，低头太久，对颈椎和眼睛不好。"

下午上课时，忽然教室传来异响，满堂哄然。我环顾四周，原来是一学生用手机看电视，不小心放出了声音。我急忙走下讲台，轻声安慰有点窘迫的学生："没关系，年轻人追剧很正常，下次戴好耳机，不然老师会吵到你的。"

晚自习，教室角落传来一阵鼾声，我大怒，走过去正要拍醒，硬生生收回手，拿出纸巾为他擦去嘴角口水，再脱下羽绒服为他披上，轻手轻脚走回讲台。

晚上，忙毕，洗漱罢，看到镜中完好无损的自己，我长吁一口气，无比欣慰地笑了。

当然这也许不是真的，是有些人编的，用来表达他们的看法。看完这篇小文章，首先是无奈，其次是埋怨，老师埋怨学生不懂事，不理解老师苦心。学生杀老师，大逆不道，一片指责，可是学生为什么杀老师？仅仅是因为老师不让看小说就被杀？发生这样的悲剧，评论谁对谁错没有任何意义，我们要做的是从中吸取教训，避免悲剧再次发生。

看个案例：

情绪处理更重要——成功调解矛盾的案例

2016年3月9号中午，我正在办公室练习计算机操作，准备一个月后的职称考试，隔壁四年级三班的班主任李老师走过来对我说："王老师，刚才张丽丽告诉我，她不想和李静做同桌了，她说李静今天在数学课上打了她一个耳光，你说我该怎么办？"

先简单介绍一下这里面的关系。我是二班的班主任，带着这两个班的数学课。所以在我的课上发生的事，我也有责任帮忙处理。再者李老师是新来的大学生特岗教师，带班才刚刚半年，经验稍有不足。

我对李老师说，把李静叫过来先问问情况再说，也许没有我们想象的那么复杂。李静被叫到办公室，李老师直接就问：“今天在数学课上，你干什么了？”“我没干什么”李静一脸无辜的样子，李老师继续说：“有同学举报你上数学课捣乱了，还说没干什么？”看到老师一脸威严的样子，她低下头，一声不吭，眼泪刷刷地往下流。李老师看到这个场景更是气不打一处来，“每次你都这样，有了错误从来不肯承认，哭哭啼啼，好像受了多大的委屈！”听老师这样一说，李静哭得更伤心了，可就是一句话也不说，两人陷入了僵局。

我看李静是个很有主意的人，对老师的对抗情绪很大。我走到她身边，搂着她的肩膀说：“他们说你上数学课捣乱了，我觉得不太可能，你在老师眼里可是个认真听讲，积极发言的好学生。现在看你这么伤心，老师也感觉好难过，是谁让我们李静受了如此大的委屈？”她的眼泪又一次决堤了。

我知道，她内心坚固的堡垒在动摇，她对我的防范也在降低。每个人都有保护自我不受伤害的本能，不管在别人看来是否合理，但从自身的角度却是有着自己的道理，当遇到不同意见时，会本能地竖起防范的围墙。当她发现对方是站在自己的角度时，围墙降低了，防御也松懈了，这时问题也容易解决了。

我接着对她说：“老师只听到了同学们的‘片面’之词，现在想听听你的说法，能和老师说说吗？”听到这话，她又哭了起来。

似乎勾起了她的伤心事。这样一个十来岁的孩子，竟然有如此强的戒备心理，我感到很是心痛，不知道是谁如此伤害过她，是什么原因让她这么不相信他人。也许是因为被伤害过，所以自我保护的意识才格外强烈，看着那双泪汪汪的大眼睛，我真的不忍心再这样追问下去。

我对她说："如果你认为自己没有错误，就应该把头抬起来。犯了错误的人才会低着头。"她仍然低着头，一句话也不说。看她的状况，让她开口实在有点困难，我想不如等她情绪稳定之后再谈。于是对她说："今天的事，你不想跟老师说就算了，什么时候想说了再找老师吧。"她突然抬起头，声音低低地说："老师，我想现在和你说，是张丽丽拿软尺打我的手。她把我的手打疼了，我就打了她的脸一下。"说着她又伤心地哭了起来。

看她伤心的样子，我终于明白了原因，一种不被理解的委屈让她眼泪止也止不住，也难怪她如此伤心了。既然心扉已经打开，那后面的事就好解决了。我拍着她的肩膀，说："老师明白你为什么这么伤心了。你在为自己失去一段友情而伤心，是吗？"她点点头。我又说："看来，你是很重情谊的！我真为张丽丽感到自豪，她能交到你这样的好朋友！其实朋友之间闹矛盾，也是很正常的，就像老师小时候也和小伙伴闹矛盾一样，但这并不影响我们后来的友情，真正的友情是经得住考验的，相信老师，不愉快的事情一定会很快过去！"她望着我点点头。

“现在的问题是我们怎样度过目前的情绪阶段？虽然张丽丽先打疼你的手，但你却打了她的脸，有句俗话，你也许听过‘打人不打脸！’换作是谁，都无法接受！所以张丽丽现在有情绪也是正常的，给她一定的时间让她去化解自己的情绪，说不定哪天，你们又玩在了一起。现在张丽丽不想和你做同桌了，你怎么看？”我紧接着说。

“我很难过，但是我会尊重她的意思。就像老师您说的一样，说不定哪天我们又会玩到一起了！”听她这么说，我也放心了，小姑娘还是很懂事的。虽然她和张丽丽调换了座位，但我发现，课间里她俩早已玩得不分彼此了！后来，李静成了我的铁杆“小跟班”。上课前帮我拿书，积极帮着收作业交作业。

案例分析：

学生间的事无大事，无非是“你碰了我，我碰了你”这些芝麻小事，但这些小事对孩子的情绪及心理却影响不小，处理不好也会严重影响孩子的学习和交往。所以教师在对待学生的问题时应该调整心态，不要急于对事情本身进行评判，也不要对孩子直接下定论。记住对待孩子们的问题要遵循的原则是“先处理情绪，再处理问题”。孩子的情绪得到释放，问题也就不再成为问题了。那么到底应该怎样处理孩子们的情绪？

很多教师在处理学生情绪时，通常会采用一种无效的方法——

惩罚。这种处理方式表现为拒绝沟通、冷言冷语、斥责等，并不能使对方情绪缓解，而只会使他产生更多的负面情绪。其实也没多大事，两个小孩闹着玩，只要说开就很好解决。老师站在学生的角度，设身处地为学生着想，孩子能感受到那种善意，她愿意对老师敞开心门。

特蕾莎修女讲过一个奇特的现象。她经常去欧美发达国家募捐，很多人对远在万里之外的印度贫民慷慨解囊，却对身边的人不闻不问。你说这些人有爱心吗？有爱心为什么不能对自己的亲人好一些呢？应该说这些捐款的人很有爱心，但为什么不能给自己身边的人一些爱呢？原因在于身边的人给自己太多的不满。那么宁可给一个不认识的捐款，也不会给身边的人爱心。不理解让本应该是至亲的家庭变成人间地狱。

其实不是不想给。谁不想让自己的孩子好呢？如果说能让自己的孩子好，需要父母牺牲生命，很多人都会义无反顾。可问题不是这样的，你想那些杀父母的孩子，他们高兴吗？恰恰相反，他们很痛苦。你想得多大的痛苦才能让他们对父母痛下杀手啊？原因就是孩子过得太痛苦了。所以父母和老师，要多站在孩子的角度考虑问题，多听听他们怎么说，少一些自以为是，少一些训斥吓唬，才能让孩子过得快乐一些。

孩子有问题，我们不是不能说，而是看怎么说。例子中的王老师，她成功走进学生心里，这是关键。至于后面讲的话这不是重点。你讲得再好，再有道理，她没听进去，也是白搭。首先一点，你要让孩子打开心门，他不信任你，你说什么都是白搭。所以理解和爱这些词绝不是虚的，而是实实在在的。假如你有个事情，别人来劝你，他能站在你的角度考虑问题，即使你不会听他的建议，你也能感受到他的善意，也会感激他。

我们都上过学，也从孩童时代过来，你有没有遇到过那种家长和老师，什么都是他对，不等你开口，劈头盖脸一顿骂。我们总说孩子要听话，可是谁听过孩子的话？所以无论是大人还是孩子，人性是相通的，都应该多些理解。

二、了解是理解原则的第一个层次，如果我们有类似或相同的经历，就容易理解，如果没有经历，理解起来有些难。

富兰克林和儿子威廉因为北美独立闹的不可开交。富兰克林站在北美这边，威廉是英王委派的新泽西总督，自然站在英国这边。为这事富兰克林不再见儿子了。有一年威廉十分想念父亲，于是给富兰克林写信，倾诉对父亲的仰慕之情，请求见一面。富兰克林只回复了寥寥数语，大意是你别来见我，我不想见你。富兰克林的回信令威廉十分伤心。

多年以后，威廉的儿子也像当年的自己一样，和父亲和不来，离家出走到巴黎。在巴黎晃荡了几年，威廉的儿子想再回伦敦，于是他给威廉写信询问是否可以回家。威廉想到当年富兰克林的冷淡对自己造成的伤害，他十分理解儿子的心情，于是他热情洋溢地写了封信，欢迎儿子回家。威廉因为有相同经历，所以他很容易理解儿子的处境，才会做出和父亲完全不同的行为。有相同或类似经历，容易理解，可是如果没有这些经历呢？那样理解起来就不那么容易。上学时的同学友谊，当兵时的战友情谊，如果没有这些经历，可能理解得不深。

2016年春节，一则上海女逃离农村的新闻刷爆朋友圈，舆论沸腾。一个上海女孩，不顾家人反对，找了一个农村男朋友，跟着男朋友回家过年，除夕晚上一看年夜饭的样子，决定分手。之所以这个新闻成为大家关注的焦点，因为它很有代表性，估计过年的时候，很多城里媳妇正跟着农村老公在老家过年。后来有消息说，这是假新闻。其实这件事在生活中屡见不鲜，是最真实不过的事实。

网上的评论，有人支持，有人反对。那么城里姑娘是否应该嫁给农村人？城乡差距，这是一个无法回避的事实。但是仅仅因为有差距，就不结婚吗？事实上，人与人没有完全相同的，城里人之间也有差距。可能他们都在城里生活，差异不是很大。如何化解这种差异，方法就是理解。

人与人，差异越大，越需要理解。差异不是造成隔阂的原因，对差异的不理解才是人与人不能和谐相处的原因。

2016年5月，魏则西事件成为新闻焦点。有个小伙子叫魏则西，患有癌症，去北京一家医院治疗，病没治好，花了很多钱。网上舆论一边倒，痛恨无良医院、医生骗人钱财。紧跟着魏则西事件，是广东一家医院的医生被患者砍死了。这次网上的舆论，有同情医生的，也有不少说风凉话的。有人说之所以出现这种情况，是因为很多人都有可能成为魏则西，而不会成为医生，所以他们很同情魏则西，不支持医生。

其实这句话换个说法可能更贴切，应该说魏则西事件之所以引爆舆论，原因在于我们很多人都成为过魏则西。所以出现这样的新闻，很容易想起自己的经历。那么有几个人做过医生？很多人没经历过医闹，不知道医生的无奈。所以不理解医生。

有个人修电动车，有一次做电瓶修复，车主把电瓶放在店里，第二天来取。结果第二天车主过来直接就说，“这不是我的电瓶，你给我掉包了。”“天地良心，我真没掉包。”店主无奈地说。这个事情就说不清楚。

一讲商家坑害消费者，我们都容易理解。但是有没有刁蛮不讲理的客户呢？很多人没做过生意，没有这样的经历，不容易理解。相同或类似经历容易理解，但是我们不可能什么事情都经历过。那么如何理解自己没有经历过的事情呢？这个需要信念，比如正面动机。

什么是正面动机？以我们自己为例，仔细想一下，我们所有的行为哪一次不是为自己好？帮助别人也是为自己快乐，否则不会去做。物质、乐趣、安全感、爱、尊重、自我实现，所有行为都为某一目的，这种目的是为自己好，我们称这种目的为正面动机。正面动机是人类共有的目的，大家都能认可。没一个人不想为自己好。为实现正面动机，需要采取一定方式，这两个因素共同作用导致行为。所有的行为，无外乎两点：动机和方式。如果不为实现某种动机或者认为这种方式不能实现该动机，人不会去做这件事。

如下图所示：

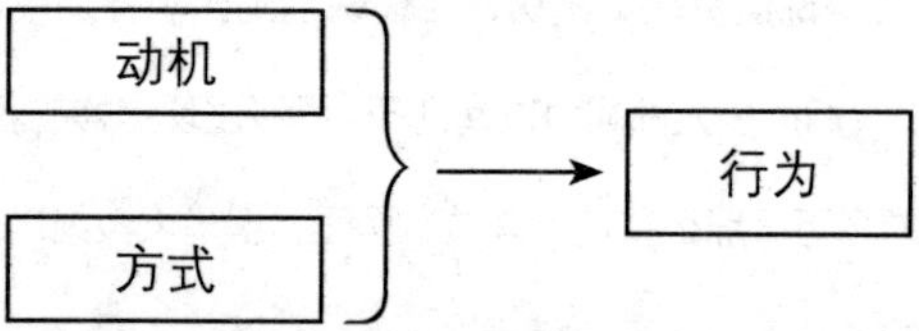

问题出在方式上。不同人为实现相同动机会采用不同方式，而这种方式有可能会危害到别人 。这样，我们就将动机与方式分开。这样做有两个好处：一是调整感受。动机看不见，只能通过行为体现出来。这个过程会出现两个偏差：行为主体偏离动机（想法不错，方式不对，好心办坏事），观察者从自身角度重新解释行为（同一行为，理解不同）。将动机与方式分开看行为，可以极大改变感受。这样告诉自己他也是好心，只是方式不对。二是有利于沟通。虽然不认可别人的行为，但认可其中的一部分（正面动机），这样更有利于达成共识。

世上没有不好的人，只有不好的行为。那么，如何理解行为差异？

美国南北战争时期，面对南方的种种暴行，林肯说："不要对别人的不义之举下结论，如果我们处在南方，也会支持奴隶制。"这是一个非常重要的认知，关于行为。我们讲正面动机，这个一想就能明白，可是即使你有正面动机，也不能伤害别人吧？那么别人的行为是如何形成的呢？这和我们的经历有关。

耶稣被钉在十字架上，临死前说的最后一句话："主啊，原谅这些人吧，因为他们不知道自己在做什么。"耶稣能原谅把他钉在十字架上的人，因为他知道那些人只是迷途的羔羊，不知道自己在做什么。生活中，很多人都不知道自己在做什么。

麦克今年40岁，正值人生黄金阶段。他勤奋工作，乐于助人，是同事和朋友公认的大好人。有一天他去加油，在加油站被两个人袭击，当场毙命。袭击他的是两个刑满释放人员，他们觉得在社会中赚钱很辛苦，不如监狱中有吃有喝舒服，想杀个人重返监狱，麦克不幸遇难。身后留下妻子和四个尚未成年的孩子。

这件事让任何一个人遇到，都会有充足的理由抱怨老天不公、社会残酷，做一辈子好事，遇到俩混蛋一切都没有了。如果这样想，轻则消极厌世，重则仇恨报复社会，四个孩子很可能一生都在仇恨中度过，这样等于毁了他们。麦克妻子说："遇到这样的事的确很不幸，但社会还是好人多。麦克出事后，很多人对我们施以援手。我会告诉孩子们，不要记恨杀害他爸爸的人，实际上他们很可怜，更值得同情与帮助。"理解带来宽容，化解仇恨。这样对自己好。

杀害麦克的凶手会在监狱中度过一生，但不能让他们毁了外面的人,放下仇恨,等于断开与他们的联系,不让他们继续伤害活着的人。

比如马加爵，他杀人是为维护尊严，动机没错，谁受到侮辱都想要反抗。只不过他维护尊严的方式不对，错在方式，而不是动机。像马加爵这样的人给别人造成巨大伤害的同时也害了自己，他是害人者，也是受害者，值得同情。很多人会想，“他是受害者，我也是受害者，为什么要同情他？”这是一个很重要的思维转折，同情他心里宽恕他，是为了断开与他的联系，否则这种愤怒与仇恨会一直缠着你。

举个例子，你与别人吵架，气得晚上两三点钟还没入睡，你这样生气，对别人有什么影响呢？宽恕别人，等于不让别人继续伤害自己。据说当年马加爵的父亲在雨中下跪三个小时，请求被害人家属谅解，未获原谅。这件事过去十几年了，希望被害人家属放下这段仇恨。原谅不原谅，马加爵已经死了，怀揣仇恨，只能伤害自己。

理解的第一个作用是放下愤怒、仇恨，这对自己有好处。那么遇到伤害，我们只能逆来顺受吗？理解并不是让你不保护自己、任由别人伤害。我们看一个甘地的故事。

1896 年 12 月，甘地由印度返回他工作多年的南非纳塔尔。由于之前甘地号召、组织过多次卓有成效的反抗白人欺压印度侨民的运动，因此他在印度侨民中很有影响力，当地白人和当局对他很不满意。

甘地离开印度孟买时正在闹瘟疫，因此纳塔尔的白人以防止瘟疫传播为由不让轮船进港，并下最后通牒：你们这些印度人，有两个选择，一是返回印度，一是被扔进大海。大家非常气愤，聚在一起商量对策。很多人想以武力解决，和白人死拼，甘地不同意。有人质问他说：“如果白人真兑现他们的威胁，你又怎样坚持自己的非暴力原则呢？”甘地说：“我认为，这些白人其实是发自内心的认为他们现在的所作所为完全正当且合理，所以我没有理由跟他们生气，我对他们没有怨怒，只是为他们的无知和偏狭感到难过。”最后经过甘地与船上印度人不屈不挠的斗争，最终轮船得以进港。

甘地一生都在践行非暴力主张，他带领印度脱离英国殖民统治。甘地曾说：“我不恨英国人，但英国必须从印度撤出去，印度必须独立。”有些人可能担心，过于强调理解，遇到伤害怎么办？比如，像甘地遇到的情况？我们可以反抗。但这种反抗是建立在理解包容基础之上，和建立在仇恨上的反抗有很大不同。

理解的第二个作用是有利于解决问题。理解不能改变外在事实，但可以化解我们内心的愤怒，极端情况下，我们可以满怀仇意地杀死一个人，但绝大多数情况下，只要消除愤怒、仇恨，很多事情都能理解。我曾经想过仇恨的问题，这个问题困扰我很长时间，源于一个故事。

有位牧师要到俄罗斯某地传教，这个地方黑帮横行，治安混乱。牧师去之前，黑帮放出话来说，“你要到我们这传教，我们就将你儿子杀死。”牧师犹豫了，跪在地上祈祷。最后牧师遵循上帝的指引，来到该地传教。过了一段时间，他儿子被黑帮杀死了。牧师继续传教。

有一天有人来找牧师，对他说：“我知道杀死你儿子的凶手，你想不想找他报仇？”牧师说：“我不想报仇。”那个人惊讶地说：“你不想见见杀害你儿子的凶手吗？”“不想。”牧师淡定地回答。那个人扑通跪在地上，对牧师说：“你儿子是我杀死的，请原谅我。”“我已经原谅你了，起来吧。”牧师说。

看到这个故事时，我已经学习 NLP 有一段时间了，很多事情都能化解，唯独这个问题一直想不明白。假如是我，亲人被人杀了，我能像牧师那样吗？可能我不能原谅他。后来也想了很多办法化解，始终无法解开。可是这个问题隔一段时间就会跳出来，始终搞不明白。从社会角度来说，作恶的人必须受到惩罚，以儆效尤。但是坚持报仇，有多少是为了维护社会公平、公正呢？恐怕为社会的成分不多吧。人死不能复生，即使将犯人枪毙，死去的人也不能复活，那么为什么还一定要让他死呢？明明知道让别人死对自己没有任何帮助，为什么还要让他死呢？这是因为内心有愤怒，让别人死，只是为了发泄内心的愤怒。

那么如何化解这种愤怒呢？这时就需要理解。既然理解了还要反抗吗？当然要反抗，就像甘地一样。那么生活中，常见的是甘地式反抗，建立在包容、理解上的反抗，这个与报仇式反抗有很大区别。比如现在看牧师的故事，我的理解是，虽然我不准备报仇，但是作恶的人必须受到约束，以防止他们再次害人。假如他们诚心悔过，不再害人，我可以原谅他们。放下仇恨，等于把自己从心灵的牢笼中释放出来。

以前喜欢看太平洋战争的纪录片，看美国人怎么杀日本人。当年日本在中国无恶不作。后来想，日本人为什么这么坏？假如我出生在日本，从小受军国主义教育，会不会也这样？

放下仇恨，不要愤怒，处理事情则要理性得多。邻居放电视，声音特别大，这该怎么办呢？以前我特别怕出现这种问题。要么不解决，吵得我心烦意乱。要么解决，过去和他吵一架，素质怎么这么低啊？不知道会影响别人吗？这两种结果我都不愿意。后来想别人电视声音大，不是故意的，我善意提醒一下就可以了。这么解决就可以皆大欢喜了。

还有报道说，中国人到国外旅游，容易被人歧视，原因是中国游客爱大声喧哗。这个事咱们也不要上纲上线，也许就是不小心，这和素质没啥关系。你提醒他一下，他就能改。何必要贬低别人呢？

爱因斯坦创立相对论，从而推翻牛顿经典力学体系，他这样评价牛顿："他所发展的道路，在他那个时代，是一位具有最高思维能力和创造力的人所能发现的唯一道路。"爱因斯坦发现牛顿力学体系中的不完善，但他并没有说否定牛顿。有问题需要发展，这是一定的，但是爱因斯坦能够站在牛顿所处的时代，理解牛顿力学体系中的局限。同样牛顿也说过这样的话："我之所以看得远，是因为站在巨人的肩膀上。"他们都懂得，之所以有创新，是建立在前人的基础之上。前人的体系有不足，后人来发展，但是要理解那种局限，尊重前辈。

有人说 NLP 才是真正的成功学。怎么说呢，这句话说出了 NLP 与传统成功学的区别，NLP 在很多方面确实很好用，但是如果这样说，那以前的成功学呢？都是伪科学吗？NLP 自葛瑞德和班德勒创立以来，发展很快，但有很多东西也不是原创，也是对以前成功学、心理学知识的总结和再归纳，也是建立在前人的基础之上。

时代总在发展，人类在不断进步，后人一定会超过前人，这是历史进步的规律。但是我们应该尊重前辈们的贡献。

很多事情，有理解做基础，会很好解决。刚买车那会，还不熟悉，倒车需要别人看着。你让他帮你看着，他在外面瞎指挥，在外面越嚷嚷，车里的人越着急，越不知所措。气得你不行。下车发一顿火："要不你来。"后来想想，这件事还可以有其他解决方法。他们之所以瞎指挥，是因为自己没开过车。那么自己就不会太生气。同时可以这样告诉他："你帮我看着就行，不用告诉我怎样开，等快撞上的时候提醒一下。你这样在外面指挥，我很慌乱。而且这是有人帮我看着，以后没人了，我要学会自己倒车。"

当我们用文字沟通时，没法显示语气。实际上同样一句话用不同语气、表情说出来，差异很大。生气时说话和心平气和时说话，效果绝对不一样。我们经常听见俩人吵架，找人评理："我说什么了，我就说怎样怎样，他就发火了。"你去听他说的话，其实没毛病，很正常。问题就出在说话方式上。愤怒地说与心平气和地说，效果不一样。

有些人甚至不用他说话，在你身边一站，你就能感受到那种煞气，脸上就能看出来。放学时你到学校门口，看那些撒欢跑出来的小学生，你从他们的脸上，不由自主地就能感受到喜悦。高兴能传染，不高兴也传染。所以，说话的方式、语气、表情很重要，这就需要理解，调整内在感受。

现在经常有人问我股市上的事，其中有很多人赔钱赔得一塌糊涂。有个人贷款炒股，最后把股票全卖了，把自己的资金全搭上，还不够还贷款，问我应该怎么办。我一向不主张借钱炒股，借钱炒股就是赌博。如果在以前，我可能会狠批这个人一顿。但是从我学会理解之后，我能站在别人的角度考虑问题。股市中有很多人抱着不切实际地发财梦，只能说可怜，但并不可笑，更不可恨。他们只是方法不对。那天我跟他聊了一上午，说实话我也不知道怎么解决他的问题。最后他说："虽然你说的话对我没什么帮助，但是我很感谢你。"这就是理解，别人能感觉到你善意的规劝。

年轻时的曼德拉很激进，主张民族主义，他主张非洲是非洲人的非洲，白人都应该被赶进大海，斗争时只要黑人不要白人。瓦尔特等人并没有指责批评曼德拉，他们认为年轻人主张民族主义是很自然的事，经历多了就会转变。果然随着斗争经历的增多，曼德拉遇到过一些同情、支持黑人运动的白人，同时他也明白把几百万白人赶走也不现实，所以曼德拉不再那么极端了。同样曼德拉等人被抓进监狱，新一代年轻人成为斗争主力，他们主张"黑人觉悟运动"，也是主张非洲的事情只靠黑人解决，白人靠边站。曼德拉想想自己当年的民族主义，并没有指责年轻人，虽然他知道那是一条走不通的路，但是他可以理解。人谁能不犯错误呢？心中充满慈悲，尽最大努力帮助别人，能帮一个算一个。懂得原谅别人的人，也知道如何宽恕自己。

生活中有一类人，由于某些经历，不原谅自己，不接受自己，这个也需要用理解来化解。

乔布斯与沃兹尼亚克合伙开公司，为了在两人之间有个平衡，乔布斯找来了昔日的同事韦恩，让他负责做公司文书方面的事情，给了他10%的股份，主要是在乔布斯与沃兹尼亚克有分歧时韦恩可以帮助做决定。

公司成立后，乔布斯与沃兹尼亚克开始借钱维持公司运作，这让韦恩想起了自己以前经营公司失败的经历。当时的苹果公司采用合伙制，而不是有限公司，一旦公司破产，股东负无限连带责任，债权人将直接向他们要钱。乔布斯和沃兹尼亚克是两个穷小子，没什么钱，那肯定就找韦恩。韦恩害怕了，于是十一天后，韦恩带着一纸退伙协议书找到乔布斯，要求退股。时过境迁，苹果公司的发展越来越好，假如现在韦恩还持有那10%的股份，市值可能达到几十亿美元。

可是韦恩并没有后悔，他这样说道："我当时做了对我最有利的选择，我知道他们两个都是疯狂的家伙，我不准备冒那样的风险。"大概每个人都有一些糗事，后悔当初不应该那样做，甚至一些事能让人一蹶不振。可是无论如何后悔，发生的事情无法改变，世上没有卖后悔药的，无论愿意还是不愿意，都要接受。

学会接受自己的不完美，因为以前发生的事无法改变，但未来还有很多可以改变的事情。我们可以从过去的事情中吸取教训，总结经验，这是我们可以做到的，以便用于更好地指导未来。牢记历史不是为了后悔，而是为了更好地开创未来。接受自己的不完美，不是说破罐子破摔，接受已经发生的，但是要改正，只要改了就好。永远不犯错误是不可能的。

苹果公司在设计 iPhone4 时，为了追求美学完整性，整个手机采用合一的铝制外壳，这样做好看，但也存在一个技术问题。电磁波无法穿越金属，只能绕过去。手机采用整体外壳，没有缝隙，电磁波无法穿越，无法接受信号。为了解决这个问题，iPhone4 设计时给手机留了一个很小的缝隙。但是有时候不注意，尤其是左手拿手机时，容易堵住那个缝隙，造成信号丢失。如果是其他手机，出现这个问题可能不会引起太大关注。但 iPhone4 是苹果公司推出的万众瞩目的产品，任何一个细小瑕疵都会被无限放大，这次事件被称为“天线门”。

苹果公司是领头羊，出现这样的事，很多人都等着看乔布斯如何给大家一个说法。乔布斯说：“我们不完美，手机不完美，我们都知道这一点，但是我们想要让用户满意。”这件事成为企业公关史的经典，这样几句话就把一场危机化解过去了？这令一些媒体观察家难以置信。乔布斯承诺，谁不满意可以退货，iPhone4 的退货率是 1.7%，还不及其他手机退货率的 1/3。当时 iPhone4 已经断货，即使出现“天线门”之后，这种热情依然未减，人们仍然需要等待两个星期才能拿到预定的手机。大多数消费者认为，乔布斯讲得有道理。这是乔布斯能轻松应对天线门事件的原因。没有人可以不犯错误，犯了错误，及时改正，这是我们能做的最好选择。

官渡之战，曹操与袁绍对峙。曹操以少胜多，打得袁绍落荒而逃。可能是败得太快，袁绍临走时有些文书没带走。其中有很多曹操这边的人写给袁绍的私人书信，大意就是给袁绍拍马屁，拉关系，万一曹操被打败，给自己留条后路。手下人把这些书信带到曹操跟前，说："这些都是私通袁绍的人，我们应该逐一查证，把这些人都抓起来。"曹操说："当时袁绍强大，我都害怕，更何况别人呢。既然袁绍已经败了，这些信就不追究了。"于是命人把信全烧了。那些给袁绍写信的人，知道自己写的信被曹操获得，一直都是诚惶诚恐，提心吊胆的。当他们知道曹操把信烧了的时候，又会是多么惭愧和感激。人谁都会犯错，改了就好，给别人一个机会，也是给自己一个机会。

理解是人际交往的基础，它决定我们与这个世界的关系，是对抗还是合作。理解带来包容与爱，这与建立在排斥与仇恨基础上的人际关系，有本质上的不同。我们讲的所有方法，都以理解为基础，在这个基础上，方法很有效果，即使没有方法，只要做到理解，也能让你与这个世界和谐相处。如果做不到理解，所有方法不过徒有其表的花拳绣腿，看着是那么回事，但是效果很有限。人际交往，内是外的基础，内在心法是外在方法的基础，理解是心法的核心。希望我们的世界多些理解，多些包容；希望我们的家庭多些理解，多些爱。

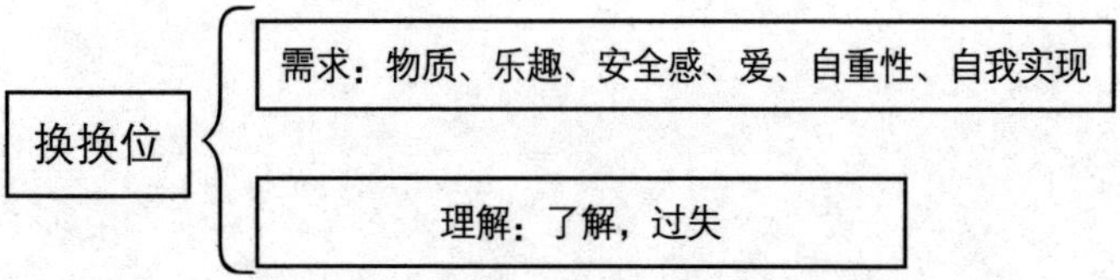
换换位
需求：物质、乐趣、安全感、爱、自重性、自我实现
理解：了解，过失

第二章　暴力沟通

人与人冲突的原因，10% 因为误解，对方没明白自己的好意；20% 因为恶意，交往之前就对他人怀有很深的成见，企图报复、伤害对方，这类思想自己能感觉到；还剩 70% 是对他人造成伤害，自己却感觉不到，这类思想存在于潜意识中，仔细审视自身，能够发现它。第三种因素占很大比重，也最容易被人忽视。我们都有这种经验，有时候明明是“好话”，听着却很不舒服。比如我们不开心，朋友劝说：“别伤心了，这点事算什么，当初我经历的某某事比你这严重多了，不一样挺过来？”听到他这样说，你会开心吗？你是不是有一种被贬低的感觉：“这样说就是我不如你呗？”最后还是你不领人情，被埋怨。依照心理学原理，多数时候你的感觉是正确的，他的确存在贬低你的意思，只是他可能感觉不到，无心的伤害。

生活中，这种伤害比比皆是。我们伤害别人时自己感觉不出来，被别人伤害时则很敏感。为什么会有这种差异？说者以意识为主导，往往只注重说什么；听者以潜意识为主导，更注重怎么说。以我们自身为例，我们准备和某人谈话，在脑子里想说话内容，却很少想语速、语调以及一些肢体语言，这些信息是自然流露出来的。

我们听别人说话时，更关注对方的一些非语言信息，同样一句话，用不同语速、语调、面部表情表达出来，差别非常大。潜意识接受信息比意识更为准确。比如“你真坏”，热恋中的人谁也不会理解成批评，而是当成“打是亲，骂是爱。”这是一种本能的判断。

正常人都能运用非语言信息准确判断对方的意图，举个例子，如果你很愤怒，即使自己极力克制，不表现出来，还是容易引起对方的不满甚至攻击。因为对方感受到你身上的怒气，引发了他的负面情绪，从而造成了冲突。情绪不是你想掩盖就能遮盖住，自己觉得掩饰得够好，对方很轻易就能察觉到，这方面女人比男人直觉更敏锐。

第一节 控制

批评、争论属于暴力沟通，副作用很明显，往往不能解决问题，还会将事情搞砸。有两句话：“当一个人受到许多批评时，往往只会记住开头几句，其余的就听不进去了，因为他们忙于思索论据来反驳开头的批评；十次争论中有九次，争论双方比以前更加确认自己绝对正确。”我们不就是一直在做这样的傻事吗？批评时以为说话越狠，越有利于对方改正错误，殊不知别人根本没听进去你的长篇大论。想说服一个人，当然要辩论，这样才能让他认可。

风和太阳打赌，看谁力量大。风说：“你看下面那个穿厚衣服的老人，我一定会让他脱下衣服。”于是他用尽全力使劲吹，老人把衣服越裹越严。风吹累了，停下来。太阳从云后出来，照在老人身上，暖洋洋的，不一会儿老人开始擦汗，再过一会儿把衣服脱下了。人心就像老人的衣服，越是严厉批评越是裹得严；温和、友善才能让对方敞开心扉。

很多人是不是做反了？能好好说话，谁也不想动粗，批评、争论的第一个目的是改变。为什么要改变呢？因为他们做得不对，不符合我们的标准。不符合我们认为的标准就不对吗？看一个故事：

春节来了，对春节我真是又爱又恨。爱它的气氛，到处喜气洋洋，“人面桃花相映红”。恨节日里的食物，准确地说是肉。我在妻子家里过春节，被各种肉食包围了。要知道我是素食者，已经11年不吃肉了。丈母娘精心准备了晚饭，一道道菜揭开盖子，全是鸡、鸭、鱼等肉类。看到这样的场景我退缩了。丈母娘注意到我不敢下筷，关心地问道：“你为什么不吃肉？”我尝试着向她解释，我是个素食者，素食主义是健康与信仰的问题。但她摇摇头，表示不能理解。她成长的环境有些艰辛，一年里能吃肉的机会只有几次，现在生活好了，生怕孩子们吃不好，所以竭力规劝我多吃肉，这样身体才能好。

这或许是很多人喜欢让他人改变的原因，其中原因就是——我是为你好。这时问题就产生了，凡是不符合我们认知标准的行为都“应该”改变。这是一种控制行为。控制的本质是将自己的思维强加给别人，生活中处处可见。应该承认人与人之间的不同。正是由于人与人的不同，才造就了我们这个五彩缤纷的世界。所有人按一个标准行事，不仅不可能，还有可能造成灾难。

人的终极目标是追求快乐和逃避痛苦，为了实现这一目标，有多种方式。我们要认清哪些是过程目标，哪些是终极目标，过程目标只是实现终极目标的方式，允许而且也必须多元化。

最近几年，逼婚的问题越来越闹腾。实际上父母是好意，但是结不结婚，只要孩子快乐就好。逼婚其实也是一种控制行为，他们不明白，快乐可以多样化，不可能只按照一种方式生活。每个人都有自己的活法，你有你的标准，这很好。但不一定要将这种方式强加给别人。

第二节 自夸

基辛格出任国务卿后，施莱辛格出任国防部部长。施莱辛格和基辛格一样，很有才，同属于内阁要员，如果两人能够和平共处，福特政府会顺利很多。但是问题来了。施莱辛格说话时总有一种高高在上的感觉，给人一种让对方觉得低人一等的感觉。你可以想象一下，高高在上的施莱辛格遇到爱表现的基辛格会是一种什么场景。多年以后，施莱辛格对自己做了深刻反省："我总是自以为是，为琐事纠缠不休，还很顽固。花了很长时间我才意识到，我是一个多么难以相处的人。"

有那么一类人，习惯高高在上，好像自己很棒，别人永远低自己一等。这样会严重伤害别人的自我价值感，让人非常反感。为什么会出现这种情况？一种是自大，觉得自己了不起，这种人很让人反感。改变自大的毛病很容易，只要转变一个认知就行。

玫琳凯加入一家直销公司。三个星期后，公司要召开年会，公司销售精英会传授销售心得，是一次难得的学习机会，但她却没有差旅费。玫琳凯想方设法借到了钱，却得到朋友一顿数落。由于不知道参加年会，公司是否管饭，所以她从家带着干粮到公司总部开会。

销售冠军站在聚光灯下时，戴上象征冠军的皇冠，并且得到了一个非常精美的鳄鱼包。玫琳凯戴着那顶被人嘲笑了十年的帽子，远远站在后排，此时此刻，没人会注意她，然而就是这个普通的没法再普通的人，却隐藏着一颗不甘平庸的心：“我身上每一个细胞都让我渴望站立在聚光灯下。”她说。在那次年会上，玫琳凯见识了销售冠军的魅力，她极其崇拜、好学的眼神，使得销售冠军对她倾囊相授，玫琳凯一口气记了十几页的笔记，这些笔记在玫琳凯没有建立起自己销售体系之前成为了她的范本，销售额也得到了大幅的提升。

玫琳凯下定决心，要让自己成为冠军。有目标是好事，但怎样才能把目标变成现实呢？那就是学习。玫琳凯向销售冠军学习，把别人的东西变成自己的，进步很大。别人能做到，你做不到，不是因为你笨，而是你没掌握相应的方法。或许现在扬扬自得的你对这种观念不屑一顾。但等你经历多了，你会看到一些人，原来不怎么的，后来进步很大，这说明他们掌握方法了。所以当你取得一定成绩后，真的没什么可沾沾自喜的，大家都一样，只不过你会开车，等别人掌握了方法，一样会开车。

客观上，人都差不多，可是自我认知相差很大。曼德拉上学时成绩优异，但是他一直不认为自己聪明，他把这归结于努力的结果。

俞敏洪在北大上学时，大家都认为他反应慢，不机灵，他在毕业典礼时说："我可能比你们学得慢。但是我有信心，你们五年成功，我用十年；你们用十年，我用二十年；你们用二十年，我用四十年。如果还不行，我会保持心情愉快身体健康，把你们送走了，继续努力。"俞敏洪一直认为自己不够聪明，于是很刻苦。实际上能背诵《朗文英汉大词典》的人，会很笨吗？

曼德拉和俞敏洪这样的人很聪明，只是他们不认为自己聪明，那么你去看，这俩人人际关系应该不会太差。因为他们有这种认知，就不会到处显摆，不显摆就不会伤害别人的自尊心，所以他们会成为朋友圈中受欢迎的人。与此相反，很多人不是觉得自己不够聪明，而是觉得自己太聪明了。

生活中，能建立起强大自我价值感的人少之又少，绝大多数人缺乏对自身价值的自信。为什么很多人缺乏自我价值感？因为标准的问题。绝大多数人都把金钱、权力等当成自我价值感的标准，于是开始攀比。有钱的毕竟是少数，多数人没钱。世界首富只有一个，如果以金钱为标准，全世界除了第一，其他人都会自卑。

自信是自我价值感的基础，自我价值感比自信范围更广泛。自我价值感不是天生就有，需要后天培养，这就出现一个问题：多数人自我价值感不足，或者说不自信。内在价值感不足，就需要通过外界补充。所以赞美成为人际交往中具有普遍适用的有效利器。

不要用批评、争论等伤害别人的沟通方式，尽量就事论事，不要上纲上线，减轻对别人造成的感受冲击。生活中很多人恰恰相反，一说话，直接攻击对方人身价值，让人很难接受。有些分歧需要处理，我们可以把他控制在较低层次。富兰克林说：“每当和别人有分歧时，我会肯定对方的观点在某些情况下是正确的，而现在的情况似乎与那时有变化，这样更容易取得一致。”我们和别人讨论问题时，如果第一句话说：“你说的不对。”那么对问题的全面否定很容易上升到自我价值层面，被别人视为人身攻击，这时候事情的性质就变了，他不是在讨论问题，对原来观点的坚持不是对错的问题，而是对自我价值感的维护，所以很难取得一致。卡耐基说：“争论中，十次有九次争论双方比原来更坚持自己的观点。”就是这个道理。

不是不能争论，而是要特别注意方法。再比如销售，经常会遇到消费者货比三家的情况，总是说某某店得要便宜一些。有些销售员想都不想，直接来一句：“一分价钱一分货。”你以为消费者真不懂这个道理吗？还用你给他上课。他说这句话，或许只是随口一说，更多时候想让你便宜一点，如果他真看好另一家店的好，为什么不买？

这时候不要直接顶回去，不妨顺着客户的话说一下：“嗯，你说得对，市场上的确存在比我家便宜的货。”先肯定一部分。然后接着告诉对方：“不过你仔细看一下就会发现，我家东西有某某特点，别人家是否也这样？”就像富兰克林说的那样“先肯定一部分，然后提醒对方情况似乎有变化”。这样我们将分歧控制在认知能力方面，一般人还是可以接受的。而不是全面否定，那样会让人觉得自己很无知，尤其有其他人在场时，人家带女朋友逛商场，正是要显摆的时候，被你说这么一句，面子往哪放？还指望他从你这买货？

自夸与控制一样，属于隐性伤害，并且广泛存在，前面我们列举的例子，几乎都有自夸。自夸不易被自己察觉，甚至夸完自己还会觉得心里很舒服，但别人感觉很不舒服。我们能轻易感觉到别人自夸对我们的伤害，却很难觉察到自我夸赞对别人的伤害。人际交往有个很简单的检测原则，如果和一个人交往很不舒服，就应该仔细想想他做了什么，然后自己避免这样做去伤害别人，正所谓“己所不欲，勿施于人”。

控制与自夸的难点在于它不像批评、争论那样明显，虽广泛存在，但隐蔽性很强。我们感觉很不舒服，仅仅是一种感受，说不出为什么，没有明显原因。多数时候，对方的控制与自夸是我们的潜意识通过对方非语言信息（面部表情、肢体动作、语速语调等）获得的，不经过意识思考，直接形成感受。所以大脑找不到明显不对，但感受很不舒服。

自夸源于自我价值感不足，通过抬高自己或贬低别人的方式增强自我价值感。一个真正自信的人，敢于承认别人的优点和自己的不足。先说别人的优点。是否会遇到这种情况，某些人取得比我们好的成绩，我们心里酸溜溜的，想方设法说别人不好。为什么会有这种感受？源自缺乏心态。别人有，我们没有，心里不舒服，于是努力把别人拉下来，取得心里平衡。这不是什么人性阴暗面，而是一种正常心里反应。解决的办法就是让自己也有。比如说别人有葡萄，而我们没有，我们说："葡萄有什么好的，味道酸酸的。"如果我们手上有个苹果，我们就会这样想："葡萄不错，虽然我没有，可是我有苹果。"这样就敢于承认别人的优点。看不到别人好，是因为看不到自己好，缺乏自信，不敢承认别人比自己强，试图用这种方式维持心理平衡。

再说自己不足。绝大多数人不愿接受别人批评，因为自卑。所以别人一说，心里非常痛苦。人不可能十全十美，必然有缺陷，这个道理谁都懂。有缺陷不要紧，优点在哪？找不到自己的优点，就不敢承认自己的缺点。

所以缺乏自我价值感的人不敢承认别人在某些方面比自己强，也不敢承认自己在某些方面不如别人，这是正常心理反应。只有当我们手上有苹果时，才有底气承认别人的葡萄好吃，也敢于承认自己没有葡萄这一事实。

自我价值感很重要。很多人拼命赚钱，买房买车，各种炫耀，都是为了增加自我价值感。财富、权力固然可以带来奢华的物质享受，更主要是增加自我价值感。同样的饭菜，小饭馆和五星级酒店的感觉不一样，你不是吃饭，而是吃的面子，你在为五星级酒店的环境埋单，在为自我价值感付钱。这些行为都可以理解。每个人都有建立并维护自我价值感的方式。乔布斯说："活着就为改变世界。"他维护自我价值感的方式是用科技改变世界。巴菲特和盖茨捐出巨额财富做慈善，也是出于自我价值感的需要。你为全家人过上好日子打拼，同样是自我价值感的原因。自我价值感是人类核心动机，很多行为，根源都在此。

一家大型企业保险箱被盗时，被一名清洁工发现，于是他和小偷进行了殊死搏斗。很多人觉得奇怪：“你不过是一名清洁工，做着最不起眼的工作，公司和你有啥关系，至于这样拼命吗？”他给出的答案出乎所有人意料：“公司总经理每次从我身旁走过，都会说‘你扫地真干净’。”就为这句话，他可以为公司和小偷以命相搏。威力不在于这句话，而是这句话透露出的尊重和肯定，让对方觉得自己有价值，他为维护自我价值感，可以不要命。

自我价值感不足的人，当别人说到自己短处时，会非常痛苦。所谓的打人不打脸，骂人不揭短，就是这个道理，短处就是自卑的地方。越没钱的人，越怕别人说他穷；越没能力的人，越怕别人说他不行，因为这是他们的短处。说别人短处，对方会严厉反击，甚至拼死抵抗。所以暴力事件多发于自卑群体。当别人话语或眼神中流露出轻蔑的意思时，我们感受到深深的伤害。其实真正伤害我们的不是这句话，而是我们的自卑。一个建立起强大自我价值感的人，不会太在意别人说什么。自我价值感充足的人，有一种平静地自信，不会为外界所干扰。他们无须处处显露自己的本事，试图得到别人认可，他们已经不需要用这种方式建立自我价值感。

冲突中最伤人的话莫过于对自我价值感的伤害，一般人很难接受。建立起强大自我感觉的人就可以平静面对，因为他知道自己不是垃圾，不是废物。真正自信的人不生气，不自信的人嘴上不承认，但心里很生气，因为在他们内心深处，找不到赖以自信的证据来反驳这句话。更多时候不是和别人生气，而是自己和自己生气，别人的话只是说出了一个自己认可却又无力改变的事实。如果真正自信，别人说就说。

很多人都会发现自我价值感不足的问题，并且都想建立起自信，有两个好处：1.不再被别人的言行所左右。有时候别人说的话，真伤心。不是我们说不在乎就能不在乎，心里真难受，但是嘴长在别人身上，我们无法控制，要么生气，要么打架，假如别人说的话我们很在乎，岂不是把主动权交给别人。事后想想，也没什么，身上也没掉二两肉。被人侮辱、瞧不起，是缺乏自信的表现，自己瞧得起自己，无人能伤害我们。2.自我价值感充足，便无需外取，不用处处自夸和贬低别人。有时候我们和一些人接触，感觉他们特别随和，平易近人，非常舒服。这不是假装出来的，而是他们自我价值感充足，能够发现我们身上的优点，并且不自夸，不会伤害我们。这样他们就帮我们建立而不是伤害自信。这样的人，谁不愿意和他交往？

自我价值感不足，不自信，怎么办？要找自信，首先看自信是怎么没的。前面说过，生活中自我价值感充足的人很少，为什么会这样？这和标准有关系。绝大多数人都在比金钱和权势，有钱的只是少数，你有钱，别人比你还有钱，第一只有一个。大家都在追求成功，什么叫成功？年薪百万算成功吗？这要看谁。如果他的标准低于一百万，就会认为自己成功；如果他的标准高于一百万，就会认为自己不成功。

有一位企业高管，整天闷闷不乐，他认为自己是一个不成功的人。他成功的标准是：1.年薪三百万。2.身体健康。3.做一个好父亲，与孩子相处融洽。但他的实际情况是年薪两百万；体重超标；五个性格迥异的孩子，为此他很伤脑筋。认为自己不是一个好父亲。无论哪种标准，只要与结果相符，就能带来自信。标准无所谓好坏对错，只要能自信就可以。

一位销售代表，每次销售都不超过一百美元，她已经在这家公司工作了三年，始终无法突破这一瓶颈。有次培训时她听说要注重外表，可是她并不富裕，买不起好衣服，这次她下定决心，培训结束后，径直来到商场，咬牙买下一件新衣服。神奇的是，那次她销售了一百二十美元。“难道销售的秘密就在新衣服？”她想。她又去买一件新衣服，这次她销售了一百五十美元。欣喜若狂的她对公司同事说：“我知道了，秘诀就是新衣服，穿上新衣服就能多销售。”其实秘诀并不在新衣服，而是新衣服带来的自信，这种自信在销售时能起到关键作用。

很多人以外在物质为标准，衡量自身价值。钱多，价值高；钱少，价值低，感觉不如别人，自惭形秽。外在物质标准有其合理性，毕竟我们生活在一个物质世界，吃喝拉撒没钱不行。“钱不是万能的，没钱是万万不能的。”不过以财富为标准，也容易产生一个问题：没钱时自觉低人一等，自惭形秽；有钱了高人一等，瞧不起人。不是说钱不好，不要多赚钱。而是说以钱为标准产生的问题。觉得自己有钱，遇到比自己还有钱的就会觉得自卑。遇到比自己钱少的就想炫耀、显摆，这样会让别人很不舒服。

财富会变化，自我价值感是否也跟着变呢？有些人挖空心思赚钱，甚至不惜践踏法律，觉得有钱就能让自己有面子、有地位、有身份，没钱怎么办？先有钱，后来又没钱了，怎么办？过惯了那种轻飘飘的日子，再让他们过普通人的生活，很难接受。

我们总讲尊重，尊重的前提是人人平等。试问在你心里，是否每个人都平等。心里觉得别人比自己低一等，尊重只能停留在口头上。高傲的表情，鄙夷的眼神，将你的内心表露无遗。将财富等外在条件作为自我价值标准，不可避免地出现自卑与自大。不可能真正尊重自己与别人。那些习惯瞧不起别人的人，很容易瞧不起自己。因为他们在用同一标准衡量所有人。

每个人树立自信的标准不一样，只要能为自己带来自信就可以，当然最好也不要伤害别人，因为人际关系是我们生活中一个很重要的部分，会影响生活幸福。与财富、容貌等容易变化的标准相比，知识、品德等标准则要相对稳定。当然我无意给大家立规矩，说你现在的标准不对，一定要用哪种标准才好。在这里，我讲一下自己的经历，希望对大家有参考作用。

我上学时，学习还算不错，对考试一直颇为自信。参加工作后，努力工作，兢兢业业。我以为自己是一个很自信的人，但后来发现不是这么回事。有段时间和家人闹得关系不好。起因是家里总是催促我买房子。我听到这些就特别生气。后来仔细考虑一下，他们也是好意，我也知道应该赚钱买房，但为什么只要他们一提房子，我就特别气愤。原因是我比他们还在乎房子，比他们更想有房。有时候工作不顺利，晚上睡不着觉，半夜两三点钟还在外面溜达，就希望能有自己的房子。别人指望我，我只能指望自己。每当站在高楼大厦之间，我总是想，“这么多的房，都谁住啊？居然没有我的一间，我算什么啊。”

我租房的门口就是超市，不过很少去超市买菜。每次都要跑好远去菜市场，总感觉菜市场舒服。吃饭时不由自主往小摊上坐，不用说星级饭店，一般看着豪华些的饭店都不去。可能刚开始是嫌贵，超市的菜比市场贵，饭店比小摊贵，后来发现超市的菜有时候比市场还便宜，饭店的饭不一定比小摊贵多少。尽管如此，还是习惯去菜市场，吃饭去小摊，感觉去那些地方才舒服。省吃俭用，衣服要几百块钱一套的品牌服装，怕别人瞧不起，打肿脸充胖子。

其实这就是一种自卑，深深的自卑，自己都没察觉出来。潜意识中觉得自己低人一等。回老家，坐公共班车，只要一坐上小班车，心里好像有根棍子扎着一样，太难受。现在很多在外打拼的年轻人，过年不愿意回家，我特别理解他们的心情，我经历过这种过程。真觉得太没面子。

后来就想着拼命工作赚钱，早点买房，让家人过上好日子。我不怕辛苦，就怕赚不到钱。宁愿自己多流汗，也不愿看见亲人无奈的眼神。我把没房没车的痛苦转化成行动的动力，每天工作之后再做两份兼职。结果一个月骤减四十斤，大病了一场，只能在家休养。那段时间是最黯淡的时光，有点“出师未捷身先死”的感觉。有人说：“年轻时用身体换钱，年老时用钱换身体。”我是既没钱，也没身体，还有一个家庭要养活。一想到这眼泪直往下流。上不了班就在家瞎琢磨，后来总结出四句话：起点有高有低，起步有早有晚，发展有快有慢，成就有大有小。

起点有高有低：每个人出身不同，有些人一出生起点就高。或许奋斗一辈子，我们的终点都比不上别人的起点。同样是工作，我们努力工作一年，可能赚几万块钱，李嘉诚的儿子站在父亲的肩膀上，一年可能赚几十个亿。每个人起点不同，不能盲目比结果，如果那样比，真的是人比人气死人。

起步有早有晚：有人起步早，有人起步晚。好比去一个地方，可以步行，可以骑自行车，还可以开汽车。步行马上可以走，自行车需要学一个星期，汽车需要学一个月。开始的时候，步行、自行车肯定占优势。但越到后来，开汽车的越占优势。

发展有快有慢：每个人发展道路不同。好比开车，别人这段时间走柏油马路，很顺。而自己这段时间是土路，要放慢速度，盲目比速度，容易翻车。过了这段难走的路，自己的路也许就好走了，而别人可能遇到土路。不能不分发展阶段，盲目对比。

成就有大有小：一个人是否优秀，金钱不是衡量的唯一标准。有些人没钱，一样很优秀。比如孔子，几千年来被人们学习，他那个时代的有钱人，后人能记住几个？钱不是衡量人生价值的唯一标准。过程才是标准。出身是我们无法改变的，但我们不认命，踏踏实实做事，以过程为生命负责。只要尽力去做，无论结果如何，都能对得起自己这一辈子。以过程为标准，结果顺其自然。有些事情我能做到，尽力去做；有些事情，我无法左右，顺其自然。这样，标准由结果转向过程，带来自信。人谁都会比，关键是比什么。比房子、车子、钱我们没有，结果比得很多人没有自信。拿我们有的东西比。我们有青春，有奋斗的心，有不怕吃苦、永不认输的韧劲。结果是过程奋斗出来的，而不是凭空想象出来的。没有过程，哪来结果。所以将注意力转向过程，既可以带来自信，更能提高成功的概率。

现在我依然努力工作，但心里踏实多了，我知道，有些事情该来的时候自然会来，我只要做好过程就足够了。我只能做这些，也只需要做这些。无论结果如何，我不比任何人差。不会再矗立在别人家的楼房前自惭形秽，不会看着别人开车而心里不平衡。

前段时间看一则报道，说博士幸福指数最低，小学文化水平的人幸福感最高。按理说，一般情况下博士收入比“小学生”收入高，为什么他们反不如“小学生”快乐？因为他们所求更多。月薪两千元的小学生，预期目标就这么高，理想与现实吻合，所以很幸福。月薪一万元的博士生，我才赚这么点，某某年薪百万呢，这样一比，很不幸福。知足常乐很重要。如果对博士讲要知足，他们很难接受。因为这里有正面动机的问题。为什么他们能成为博士？与自身努力不可分。

为什么会有超出常人的努力？因为想得到更多。他们能一步一步读到博士，需要很强动力，动力来自不知足。如果让他们知足，等于丧失前进动力，对很多人来说，知足常乐就是不思进取的同义词。这等于让他们放弃坚持多年引以为豪的信念，很难接受。

我们仔细分析一下这个过程：欲望——奋斗——得到——快乐。很多年都是这样过来的，欲望是他们奋斗的动力，实现一个欲望，追求下一个欲望，欲望不断实现很快乐。如果一直这样下去，欲望通过奋斗不断实现，就会一直快乐。

欲望与得到之间容易产生矛盾，就会产生痛苦。不容否认，能够读到博士的人，从小就学习好，出众的成绩让他们建立起自信，欲望又让他们坚信了想要不断奋斗的信念，这时候容易产生偏差。欲望过高，不切实际的自我期望，欲望和得不到之间产生矛盾。一方面坚信只要自己想做的事一定能做成；另一方面是现实，理想与现实之间出现矛盾，要么开始质疑自己，要么埋怨外部环境。有目标并且由此产生动力去奋斗，这没问题，问题出在目标过高，不切实际，不切实际的原因与多年形成的自信有关。

在欲望的驱使下坚持奋斗的模式没错，知足等于没有欲望，很难接受。毕竟他们过去依靠这种方式取得过超出一般人的成绩。放弃很难，也没必要放弃。一个人没有欲望就不会有动力，那还做什么事。问题出在欲望过高，不切实际。什么是实际，什么不是实际，没有客观标准。作为博士生说明在学习上很优秀，但这种优秀无法用金钱衡量。不同行业，优秀的外在形式不一样，成就有大有小，不能盲目一切向钱看。将标准由结果转向过程，可以解决这个问题。不过多关注目标，也就无所谓目标过高过低的问题，踏踏实实做事，该来的终究会来。

以过程为标准让我找到自信。还有一个标准，付出。多数人的视角关注索取，很少想为社会、为他人做些什么。其实付出绝对不会白付出，自己会收获很多，虽然不一定是金钱物质方面。索取是一种缺乏心态，自己没有才会想着索取，这样容易导致眼睛总盯着没有的东西，而对自己拥有的东西视而不见。一个人无论取得多高的成就，如果看不见自己所拥有的东西，都不会快乐，拥有的东西等于没有。这也是不少人整天忧虑的原因，一山望着一山高，眼睛总盯着没有的东西。付出则是一种富裕心态。付出的前提是觉得自己拥有足够多，可以与他人分享。无论是物质还是能力，都是对自己的一种肯定，而这种肯定是建立自我价值感很好的方式。

在美国密西西比州一个小镇的码头上，一位 24 岁的年轻姑娘因为“厌倦了生命”一跃跳入海中。路过的小伙子看见她跳海，奋不顾身跟着跳了下去。但是小伙子根本不会游泳，因为事出突然，只想着救人，就忘了自己不懂水性。海水不断呛入他嘴中，令他喘不过气。年轻姑娘看着快被淹死的小伙子，也忘了自己的绝望，此时她只有一个目的：把这个为救自己而深陷绝境的小伙子救起来。她游向小伙子，奋力托起他，送到岸上。小伙子舍身救人的举动感动了姑娘，让她重新思索人生的价值：为别人而活，也是自己生命的意义。

很多人不快乐，是因为看不见自己拥有的事物和能力。付出很多时候只是举手之劳。车站上，看见有人抬着沉重的行李上台阶，搭把手，这是付出；坐公交，给老人、小孩和身体有需要的人让个座，这是付出；遇到陌生人问路，碰巧自己又知道，耐心细致地给别人说一下，这是付出；工作时，尽自己所能，把工作做好，给社会带来价值，也是付出。当我们看到自己的能力时，就是一种自我肯定。帮别人抬东西，前提是“我很有力气”；给别人让座，前提是“我还年轻”，各种形式的付出，最后都能汇集到一点：我有用，我有价值。总能看到自己拥有的能力，自信就逐步建立起来了。

第三节　无视

圣诞节前夕，约克为和家人团聚，兴冲冲地踏上由吉隆坡飞往纽约的航班。经过数小时的飞行，飞机抵达纽约上空。此时纽约阴云密布，电闪雷鸣，天气条件恶劣，更糟糕的是飞机燃油所剩无几，无法飞往其他城市降落。机长下令迫降，飞机在不稳定的气流中左右摇摆，上下颠簸，乘客们惊慌失措，呼喊声、尖叫声此起彼伏。空姐故作镇定地广播道："目前飞机正穿越对流区，请大家系好安全带，我们将尽力保障大家的安全。"她的话不但无法安抚乘客情绪，反而引起更大恐慌。第一次着陆飞机擦着塔台呼啸而过，迫降失败。有人哭出了声，有人开始写遗书，交给空姐放在黑匣子里保存。最终在机长的努力下飞机还是安全着陆了。

死里逃生的约克回到家，把飞机上发生的事兴致勃勃地讲给妻子听，可是妻子像没听见一样，只顾埋头和孩子做游戏，对他的惊险故事丝毫不感兴趣。当妻子去厨房做蛋糕时，约克爬上阁楼，用一根绳子结束了刚刚捡回的生命。大部分人还不至于像约克那样敏感，但当我们兴高采烈地向别人讲述自己的经历时，别人一句话都没有，视你为空气，我们的心情是否也会很糟糕。无视与控制和自夸一样，广泛存在，隐性伤害。问问自己：别人和我说话时，有多少次是真正用心倾听而不是三心二意，无论这个人是爱人、孩子、领导还是生意伙伴，都能把对方当回事？

有一个人问曼德拉的保镖："新总统和原来总统有什么区别？"保镖说："我以前给总统当保镖，没人知道我。但是新总统去英国访问，他知道我爱吃太妃糖，从英国给我带回一袋，你说新总统和原总统有什么区别？"曼德拉重视每一个人，不会因为是手下工作人员就不把别人当回事，在他眼中，每一个人都是独一无二的人。

有人这样说和特蕾莎修女的交往经历："和她在一起，她会让你感觉到自己很重要。"特蕾莎修女又是怎样做到的呢？她说："无论和谁交往，我眼前只有一个人。"这句话的意思是说，她只和眼前的人交往，不会面对一个人，心里想着其他人，或者其他"更重要"的事。

有位年轻的销售员请乔吉拉德观看自己卖车的过程，希望指出不足，加以改进。整个销售过程非常流畅，可是客户最终并没有买车。"他希望买一辆中等价位的车，而我为他推荐的车价格并不高，为什么没成交呢？"销售员向乔吉拉德请教。"我数过，整个销售过程，你一共看过六次表，你有什么急事吗？"乔吉拉德问。销售员回答说：

“没有啊，只是习惯。”乔吉拉德紧接着说：“你不停地看表，让客户感觉你还有更重要的事要做，他们感觉到你的轻视。”之后销售员改掉看表的习惯，耐心地解答客户的每一个问题，销售业绩也比以前好了很多。所以把别人当回事，你并不会吃亏。

我们来看一个灰姑娘的故事。

我年轻时曾因贫穷陷入深深地自卑。我家住在费城平民区，常常需要救济金才能生活下去。我没有一件像样的衣服，那些从哥哥姐姐身上传下来、缝缝补补、过时的衣服无比难看。可是我渴望外面的世界，渴望交朋友，渴望参加令人陶醉眩晕的舞会。为不让别人看出我的寒酸，我想出一个办法。跳舞时，尽力引别人多说话以分散他们注意力，这样他们就不至于过多关注我身上粗糙陈旧的服饰：

“史密斯先生，听说您刚从非洲回来，能不能讲一下您在那里的有趣经历？”

“丹诺先生，下周竞选学生会主席，您准备好了吗？”

“皮尔斯，上次您说要开公司，进展如何？”

刚开始只是想逗他们说话，后来我对他们的谈话渐渐产生兴趣，通过倾听学到不少知识。我越是痴迷倾听，和我跳舞的男士越是健谈、兴奋。慢慢的，我成为舞会中最受欢迎的女士，竟有三位先生向我求婚。

这件事我从未向任何人提及，包括我丈夫。三十年来，我一直践行这种方法，它让我们夫妻恩爱至今。

别人想表现，你就让他说呗，倾听暗含赞美，听别人说话，等于对他们的肯定。

一位七十多岁的阿姨讲述她年轻时带领村民自力更生、改善生活的故事：

那时候大家都很穷，每家每户粮食很少，大米更是稀罕物，因为队里收割的作物大部分都要交公，留给村民的并不多。我当上生产队队长后，就想怎样才能让大家吃饱吃好。河边沿岸有一块滩涂地，从没人种。我问大家："大伙想不想吃大米饭？想吃大米饭就跟我去开荒。"

我向公社借了一台拖拉机，带着全队两百多人苦干了一个月，把那块滩涂地种上稻子，收获后，送给公社、大队领导一些，剩下的大米每人分两大口袋，引得其他生产队羡慕不已。为这事我被评为省级劳模，那天省里开大会让我上台讲话，我也没准备发言稿，怎么想就怎么说，但台下掌声却不断。当干部其实很简单，不能总想自己，要让大伙跟着受益。

这个故事她大概给我讲过七八次，每次我都认真听，不是装模作样，而是真正佩服她的见识和魄力。有一次聊天时我谈到想做瓷器生意，言者无心，听者有意。过了几天她告诉我她有一位朋友的女儿，担任一家瓷器公司劳资科科长，可以帮我联系。去到那家公司科长放下手中工作，用了半天的时间带我参观陶瓷制作流程。如果不是阿姨帮我联系，科长哪认识我，更不用说去瓷器公司参观了解。阿姨之所以愿意帮我，是因为我能认真倾听她的往事，让她感到尊重。

有时候回家，老人爱唠叨，唠叨是他们体现自我价值的一种方式，能让他们感觉自己还有用，无论是回忆“当年勇”，还是当前问题的指导，认真听，这是对他们的一种肯定，比买多少贵重礼品更能让老人高兴。不认真听别人说话，就是无视别人价值，是很严重的伤害。

第四节　敌视

人际交往中，有个黄金法则：“你想别人怎么对你，你就怎么对别人。”为什么会这样？人与外界的关系有两大类，一种是对物，一种是对人。

物质具有客观性，不会因为人对他的态度而改变。比如科学家做实验，符合规律就是对，不符合规律就是错，物不会因为我们采用的方法改变客观性。但人不一样。人会根据我们采用的方法做出不同反应。通常情况下，你对别人好，能得到别人善意的回应；你对别人不好，也会得到别人恶意的回应。

决定我们行为的是思想，是认知。我们认为一个人好，就会对他好，他也会表现出友好的一面。我们认为一个人不好，就会对他不好，他也会体现出不好的一面。这就是信念的自我实现。

曼德拉在罗本岛监狱时，有个狱警对曼德拉等人很宽容。每天例行公事站在一边，只要遵守秩序，他从来不管。当他发现曼德拉等人倚着铁锹说话时，也不会训斥他们。

大家称他为“文雅一号。”

有一次，刚下完雨，“文雅一号”对曼德拉说：“今天下雨，把路上的线冲没了。我需要20公斤石灰，先生们，你们愿意帮忙吗？”

狱警这样说，那还能不帮？

“尽管我们当时已经不用干活了，但大家还是非常愿意做这个事。”曼德拉说。

好景不长，监狱换了一位新监狱长，“文雅一号”被调走了，新监狱长带着一批狱警接管监狱，其中有个人手臂上刺着纹身，狠角色，很快他被大家称为“小提包”

为什么叫“小提包”呢？

一般情况下，狱警不需要自己提包，有很多犯人会主动给他们提包。

但是，这个狱警没人给他提包，只能自己拿着，所以曼德拉等人给他起个绰号“小提包”。

为什么没犯人给愿意给他提包？

因为“小提包”对犯人非打即骂，基本不会说人话，整天骂骂咧咧，今天惩罚这个，明天惩罚那个，谁愿意给他提包？

每次干完活，大家围在一张桌子前要吃饭，“小提包”肯定会来桌子旁撒泡尿，“他没尿到饭桶里已经算不错了。”曼德拉说。

你说这人干啥啊，非要和犯人过不去，人家吃个饭，他要到饭桌前撒泡尿，这不恶心人吗？

“小提包”这么做，犯人肯定不干啊，也会针锋相对。

过了一段时间，有议员来罗本岛视察，曼德拉提了意见，“小提包”被调走了。

那么，“文雅一号”和“小提包”会怎样回忆这段经历呢？

“文雅一号”会说，其实罗本岛上的犯人也不错。

“小提包”会说，好个屁啊，全是垃圾，都该死。

他们两个说的都是实情。

“文雅一号”认为犯人不错，他对犯人不错，犯人也会做出善意的回应，结果又反过来印证他的认知。

“小提包”认为犯人是垃圾，他像对垃圾一样对他们，犯人当然会反击，结果也印证了“小提包”的认知。

认知引发行为，行为引发对方行为，对方行为印证认知，这就是自我实现。

特蕾莎修女说：“爱我们的敌人，终有一天我们会成为朋友。”怎么理解这句话？特雷西修女从外面回到修道院，见修女们围坐一团窃窃私语，她走过去想看看发生了什么。

只见地上躺着一个血肉模糊的人。这个人是穆斯林，在教派冲突中受了重伤，翻墙进入修道院寻求帮助。修女们没见过这阵势，吓坏了，不知道该怎么办。特蕾莎修女不管三七二十一，决定救人。

“可是他是穆斯林，外面的暴乱是他们引起的。”有修女说。

“我不管他是穆斯林，还是印度教徒，还是基督徒，在我眼中，他只是一个人，需要帮助，我就会帮他。”特蕾莎修女说。穆斯林在修女的照料下，死里逃生，慢慢恢复过来，然后走了。

之后特蕾莎修女决定走出修道院，到贫民窟帮助穷人。有很多人不理解，贫民窟又臭又脏，垃圾满地是，苍蝇满天飞，谁愿意到这来？

有一次，特蕾莎修女看见地上躺着一个孩子，很痛苦的样子。她走上前，抱起孩子。在贫民窟，经常有人遗弃孩子，特蕾莎修女以为这个孩子也没人要。

这时候突然蹿出一个妇女，一把夺过孩子说：“你为什么偷我的孩子？”

特蕾莎修女回答说：“我是想帮他……”“你想帮他，得了吧，你就是想偷孩子。大家快来看啊，有人要偷我的孩子。”

人们听到喊声，纷纷往这边聚集起来。其中有个名叫曼尼可的彪悍男子，贫民窟的老大，一把揪住特蕾莎修女的衣领，“你敢到这偷孩子？我看你是活腻了。”

正在为难之时，一个身影闪过，一位少年站在特蕾莎修女身前，双手用力握住曼尼可手臂，将他推开然后说道：“前段时间我受重伤，就是被这位修女救活的，所以我敢保证，她绝不会偷孩子。”少年就是特蕾莎修女救的穆斯林，名叫秋蒂。

在秋蒂的帮助下，特蕾莎修女在贫民窟站稳脚跟，开始了助人事业。印度教派冲突严重，经常发生死人的事。特蕾莎修女不管什么教派，她都会帮助。她把别人当朋友，结果就真成了朋友，这就是认知的自我实现。

有一年，印度政府突发奇想，要把垃圾堆全部清理掉，那么依靠捡垃圾为生的拾荒者，以后怎么生存呢？但政府不管这一套，他们派来铲车，准备铲除垃圾堆，消灭贫民窟。

贫民窟的老大曼尼可带领大家，坐在垃圾堆上，死活不让步。政府与拾荒者陷入对峙。之后政府发出最后通牒，如果拾荒者再不走，就要强制执行。

特蕾莎修女站了出来。政府大吃一惊，他们没想到，贫民窟里还会有一位修女，而且这位修女还是外国人。

特蕾莎修女指着垃圾堆上的人说，“他们和老鼠、蟑螂一起分享这个垃圾堆，你们把垃圾运走，他们怎么生活？”“他们把这弄这么脏，也没法生活啊。”政府官员回答说。“这不是他们的错，要说错也是贫穷，政府真想帮助他们，应该运来干净水，派人把这里清扫一下才对。”特蕾莎修女回答道。政府不知道什么底细，也怕激起民变，撤走了。

第二天，这件事情被记者捅到了报纸上，于是很多人知道了贫民窟里有个外国修女，政府迫于舆论的压力，不得不暂时停止搬迁垃圾堆。

“对不起，我以前误会您了，请原谅我的冒犯。”曼尼可双手触地，充满歉意地说。特蕾莎修女慈爱地抚摸着曼尼可的头说：“没关系，快起来，我们还有很多事要做。”特蕾莎修女用自己的善良，把充满敌意的人变成了朋友。

特蕾莎修女在印度帮助了很多人，但并不是每个人都认可，尤其是印度这种教派冲突严重的国家，并不是每个人都认可基督教出身的特蕾莎修女。

由于需要帮助的人太多，没地方放，特蕾莎修女找到一个空着的印度庙宇，把需要帮助的人安置在那里。这引起很多印度教徒不满。印度教徒群情激奋，高喊口号，在庙宇外集会，要求特蕾莎修女滚出印度教圣地。

警察怕闹事，赶过来维持秩序。警察局长向印度教徒允诺，特蕾莎修女一定会搬出印度庙宇。

可是，特蕾莎修女在哪呢？

哦，她在庙宇里救治病人呢。

大家可能不知道特蕾莎修女在印度是怎么救人的，这里简单说一下。印度两极分化严重，有些地方特别有钱，富人区。有些地方特别贫穷，仅在加尔各答就有50万人无家可归，这些人露宿街头，无依无靠。

特蕾莎修女建立的收容所，专门收留这些人。很多流浪者被带到收容所的时候，已经奄奄一息，根本活不了多长时间。

特蕾莎修女帮这些浑身爬满蚂蚁、蛆虫的人清洗干净，帮他们包扎好被老鼠啃噬的身体，然后握着他们的手，抱着他们的头，静静地让他们离开这个世界。

特蕾莎修女在印度加尔各答收容濒死的流浪者，让他们在生命的最后时刻，有尊严地死去。流浪者对她说："我像狗一样活了一辈子，没想到死的时候享受了一回天使的待遇。"

事不大，也没有多么轰轰烈烈，却让流浪者感到尊重与被爱。

警察局长来庙里找特蕾莎修女，被眼前的景象惊呆了。到处都是身患重病、奄奄一息的人，有人身上流着恶脓，散发着臭味。见到这个情景，他仿佛见到了地狱的样子。

突然，一阵光亮照进这里，让地狱充满阳光：训练有素的修女们有条不紊的帮助各个病人，有人喂水，有人喂饭，有人抱着流浪者的头让他们进入永久的梦乡。她们大部分人受过良好教育，正值青春年华，放弃了世俗生活，跟随特蕾莎修女来救助流浪者、拾荒者。她们照亮充满悲戚的庙宇，有她们在，本应该充满抱怨与诅咒的世界不见了，她们的爱，让地狱充满阳光。

警察局长什么话没说，静静地退了出来。

他对印度教徒说：“你们当中有谁知道有什么地方能安置庙里的人，我就让特蕾莎修女搬出来。如果没有，那她们就要继续住在庙里了。”

有位印度教住持长期批评特蕾莎修女，特蕾莎修女不以为然。

不幸，这位住持得了肺结核，喘得缓不过气，咳血。肺结核大家都知道，传染。于是庙里的人离他远远的。几经辗转，住持的肺结核没治好，反而加重了，眼看就要一命呜呼。

特蕾莎修女知道后，派人找到住持，对他说，我们这有新药，你到我们这来治疗吧。

住持想想以前怎么对人家的，经常说特蕾莎修女这不好，那不好，怎么有脸去啊？

他不想去，可是又想活命，留在原来的庙里，没人管他，让他自生自灭，只能等死。

于是，厚着脸皮，来到特蕾莎修女的收容所。

特蕾莎修女向对所有人一样，细心、和蔼、耐心地对住持。一开始他还有顾虑，当他发现特蕾莎修女没有记恨以前的事，真心对待每一个人，悬着的心放下了。

经过几个月的精心治疗，住持的肺结核控制住了，不断好转，最后痊愈。

“我供奉了三十多年的女神，可是今天，我却见到了一位活生生、真实的女神。”住持临走时这样说。

这件事传开后，印度教徒对特蕾莎修女的态度有很大转变，由原来的反对变成了支持。

特蕾莎修女坚信，只要爱每一个人，即使是敌人，也会变成朋友。她这样认为，她也这样做了，最后变成了现实，这就是认知的自我实现。爱这个世界，你会得到爱；恨这个世界，你只能得到恨。

第五节 扭曲

有时候，我们并没有恶意，对方却反应激烈，好像受了多大委屈似的，这是怎么回事？这是由于扭曲造成的。就是一句话，一件事，不同人有不同理解。每个人都有一个独一无二的信念系统，有些相同，有些不同，因此同一事物，经常出现理解偏差。

曼德拉看见一位白人妇女的车子撞到了路边，于是跑过去帮她抬上来。白人妇女很感激，给了曼德拉两毛钱。曼德拉摆摆手，意思是不要钱。白人妇女以为嫌少，又多给了三毛，但曼德拉坚持不要。白人妇女火了，扔下五毛钱走了。曼德拉帮忙不是为了要钱，白人妇女以为给得少。于是误会产生了。本来挺好的一件事，搞砸了。

公司请了一位成功学老师讲销售。老师讲，要和成功的人学习，不要和失败的人学习。然后了举个例子。他说和媳妇打架了，不要去找一个四五十岁还没结婚的人倾诉，他本身婚姻失败，能给你出什么好主意？老师讲完课，办公室主任找到老师，指桑骂槐说了一顿。我当时刚进公司，不知道怎么回事。后来才明白过来。原来办公室主任，四十多岁还单身，她以为老师说她或者至少有贬低剩女的意思。所以她很受伤，很愤怒。

也许我们并无恶意，但对方却实实在在感受到了伤害，如何避免这种情况？理论上说，扭曲无法绝对避免。但只要认识到是扭曲造成的伤害，就能有效控制它的危害。很多时候，导致激烈冲突的起因是扭曲，但造成伤害的不是扭曲，而是我们认识不到扭曲的存在。遇到这种情况，首先要认识到双方都没有恶意，这样事情就能很好解决了。如果认识不到根源，那这个问题可能会很严重。

说个我自己的例子：

我妈去世了，我很伤心。

我们老家这边，办丧事有长三天、短三天的说法。我妈中午去世，如果短三天，那当天就算一天。如果长三天，当天不算，还要再办三天丧事。我很伤心，还折腾什么啊。又唱歌，又跳舞，还要找人假哭，闹腾得很。简单办吧。

当我说完这句话，我舅舅首先跳出来说：

“你要这么办事，说明你眼中没有我们兄弟，你是瞧不起我们。”

我当时就傻眼了。真没想到会是这个结果。更没想到我最尊重的舅舅会首先跳出来指责我。

舅舅对我恩重如山，我们家大事小事，只要有事，都是找他。

他就是个普通上班的，办事都是求别人，我们的事都是他帮忙求人。我很感激他。上学时，交不起学费，舅舅也没钱，借了 800 块钱送到我家，给我交学费。上学回来，路上没路费，到县城回不了老家，给他打电话，他给了我 25 块钱车费。

毕业后，炒股赔得一塌糊涂，为了省钱，一冬天只烧 300 块煤，冻得我受不了，晚上出去遛弯儿，就为暖和一下。半路上遇到舅舅，他问："你冷不？"

说实话，我真冷。

他说："你要冷，去我办公室住吧。"

我很冷，但不能去他办公室，弄得乱七八糟，他怎么上班。于是他把办公室钥匙给我一把，我晚上去他办公室暖和一会，暖和过来了，再回家睡觉。

我说他对我恩重如山，一点不夸张。在我心里，非常尊重他。可是，在这件事上，他却不理解我，跳出来指责我。

人都死了，再折腾有什么用，不过是活人的耳目，做给别人看的。活着时已经尽力了，死了还折腾啥，闹心。但是对于风俗习惯，他们看得很重，认为我那样说是瞧不起他们，毕竟他们是娘家人。

为这事，我怨恨过他，你们的面子重要，我的感受就不重要，是吗？后来想，不是这么回事。

我想简单办丧事，没有恶意。但是对这件事，我和舅舅理解不同。他理解成我瞧不起他们。

都没有恶意，只是一件事理解不同。

如果说伤害，也是互相伤害，受伤的绝不只我一个。

是我先伤的别人，别人才会反过来伤我。

双方都没有恶意，认识到这一点，分歧就好化解。

如果认识不到这点，上纲上线，你怎么样，我怎样，那这件事就闹大了。多年的情谊很可能因为这样一件事闹翻。

我们都有亲戚朋友，有时候因为一句话，理解偏了，好，这次你说我，我记住了，下次我找机会说你，一来一往，恩怨不断扩大，导致不可调和。

本来是骨肉至亲，没有利益冲突，却因为扭曲导致失和，很惋惜。

有一次和媳妇开玩笑："咱俩好好过吧，像咱这样的，都是二茬子庄稼了，离婚再找别人，谁要啊。"

"你说谁是二茬子庄稼？"

"你说，

说啊，

怎么不说了……"

就为这个"二茬子庄稼"和我打了好几天架。本来是电影中一句台词，想拿出来幽默一下，结果没幽好，跪了好几天搓衣板，我容易吗？啥都不说，总行吧？不说话怎么过日子呢？说话就有可能偏差，这可咋整？扭曲没那么可怕。

扭曲会造成伤害，但对扭曲的反应会造成更大伤害，我们对扭曲的反应远大于扭曲本身造成的伤害。

认识不到扭曲是因为信念系统差异造成的，而上纲上线，这样事情就闹大了。只要有一方认识到扭曲的原因，误会很容易化解。

说话的人遭到对方误解，他知道，对方不高兴是因为受到了伤害，虽然这种伤害是无心的，但是向别人道个歉，解释一下很有必要。

“可我是无心的啊？”

是，你不是故意的。好比扔一个小石头，不小心砸中人，就算是误伤，在法律上你也要承担一定责任吧？

不要说什么对方不可理喻，莫名其妙，对牛弹琴之类的话，这样会激怒别人，也会造成自己心态失衡。

听话的人感觉到受伤害，可以说，刚才你说的话，我理解起来有些不舒服，你的意思是什么，是不是咱俩理解不一样。这样就能知道说话人真正的意思，不至于产生误会。

当然，要是两个人都知道扭曲的原因，那处理起来会更简单。

扭曲无法避免，但是我们可以认识到扭曲的根源，把这种伤害控制在一定范围内，那么它的危害就会微乎其微。

控制、自夸、无视、敌视、扭曲是五种隐性暴力的沟通方式，这些方式在亲密的人之间影响更大。外人不经常在一起，而且关系疏远，交往时还能保持一定克制，回到家，都是自家人，感觉没有拘束的必要，于是就“原形毕露”了。即使两个人关系再好，再亲密，那也是两个人，彼此差异远多于共同点，因此给对方留出空间，非常有必要。亲情不能代替人性，目的不能代替方法。心意不错，方法不对，最终结果也只会适得其反。

还有自夸，没完没了地吹牛。“我不跟我媳妇吹，跟谁吹啊？”好像，还有那么点道理。可是你想过没有，她也是个人，你总这样吹，她不烦啊？她不理你，又是无视你的存在，“我说话你都不理我。”得，又受伤了。并且，自夸的人，习惯性贬低别人。或许贬低别人不是你的本意，你只想抬高自己，可是客观上却严重伤害了别人，你把她惹急了，她来一句：“得了吧，就你那样，身上几根毛我都知道，在我面前吹什么吹。”

呃……

刚才还兴致勃勃，立刻像霜打的茄子一样，蔫了。

都是一家人，没有利益冲突，都想好好过，最后同床异梦的，过不下去离婚的，不少吧？

很可惜。这就是方法的问题。如果能好好过，谁愿意打架啊？

好好学方法，认真对待身边的每一个人，相信我们都能拥有和谐与幸福。

暴力沟通：控制、自夸、无视、敌视、扭曲

第三章　肯定

第一节　赞美

明末农民军领袖张献忠，手下多能言善辩之徒，有一天张献忠说：“我之所以总打败仗，就是因为你们这帮阿谀奉承的小人。以后谁再敢拍老子马屁，格杀勿论。”话音未落，一位大臣接着说：“历代帝王，失败者，皆因身边吹牛拍马者甚多。大王认识到这点，的确抓住了关键，真是英明圣绝。”张献忠高兴地说道：“言之有理。”

齐宣王喜欢射箭，但他最多能拉动三石（每石 120 斤）硬弓。每次射完箭，都会让身边人试试。大家呲牙咧嘴，使出了吃奶的劲也只能拉开半张弓，一个个惊呼齐宣王为天人：“不得了，不得了，只有大王才能拉动这样硬的九石弓。”齐宣王听后哈哈大笑：“你们这帮马屁精，只会说好话，这明明是三石弓，哪来九石？不过我喜欢。”

有一京官去外地赴任，临行前向老师辞行。老师说：“外地不比京城，你人生地不熟，凡事多加小心。”官员：“老师说得对，学生已准备好一百顶高帽，需要时送出一顶，料想会有作用。”老师：“你怎能这样做？遇事应秉承圣人教诲，上不负皇恩，下不愧百姓。”官员：“老师教训得是，不过如今世道，人人都爱听奉承话，像老师这样正直谦虚的人还有几个？”老师：“嗯，你说得也有道理。”官员从老师家出来，高兴地说：“一百顶高帽，还剩九十九顶。”

有网友感叹：好像明白为啥古代皇帝容易轻信拍马屁的奸臣，而不爱搭理直言进谏的忠臣了。设想一下，现实生活里一个人见你就夸：“怎么又瘦了！新发型好好看，和你衣服包包特别搭、特别美！”另一个见面就劈头盖脸：“都胖成啥样了还吃，多运动啊！还有你这包包和衣服搭的简直丑哭了！”换做是你，你喜欢听哪一种呢？

有次和一个大学生聊天，他说：“我喜欢看书，锻炼身体，对朋友真诚友好。”后来他又说一句：“我最大的优点就是不上网。”不上网也是优点？我被惊呆了：“兄弟，你是从秦朝穿越过来的吧？”他解释说：“上网的人都自甘堕落，不思进取，不是玩游戏就是看黄片，不干正事。”他把电脑和网络当成了黄赌毒的工具，但是如果没有它们，我们的社会将会倒退几十年。发明电脑和网络的人本意是让生活变得更轻松美好，这也是它们的主要作用。

赞美第一个作用是让对方高兴。有个词叫“通情达理”，通情才能达理，别人在气头上，说什么都很难听进去。高兴好办事。赞美是一把调整感受的利器。身心层次理论上把感受分为五个层次：外在环境、行为、能力、信念以及自我价值感。

批评争论时，尽量往低层次靠，减少负面感受冲击；赞美时，尽量往高层次靠，增强正面感受力量。批评和赞美看似两种截然相反的沟通方式，其实是由一个原理衍生出来的。知道理论根源，运用时就灵活多了。一个中国人带着夫人参加老外举办的宴会，老外夸奖说：“您夫人真漂亮。”咱中国人谦虚，连忙说：“哪里，哪里。”“哪里？还要说哪里漂亮吗？”老外犯难了，只好接着说：“眼睛漂亮，鼻子漂亮，嘴漂亮……”

赞美的基本要求是具体，不然别人不知道夸什么，一头雾水，而且显得不真诚。一位局长爱好书法。一天拿出一幅新作请大家欣赏。有人说：“局长的字写得真好。”有人说：“局长的字简直出神入化。”面对众人的赞美，局长依然一脸严肃，这时人群中有一个人说：“局长的字，最见功底的是最后一笔。”局长如获知音：“你算说到点子上了”。就好像别人赞美你漂亮、帅气时，你是没有什么太大的感觉的。因为笼统，空话套话。夸一个人整体漂亮，不如夸她眼睛好看，皮肤细腻，局部代表整体。一个同学对我凝视良久，然后说：“你鼻子真挺，有一股英气。”这是至今为止让我最难忘、最高兴的一句话。

为什么骂人时一句“你是垃圾”能让对方暴跳如雷，夸人时“你真棒”却没啥效果？我们分析一下自我价值感形成的过程。自我价值感由两个因素组成：结果，标准。如下图所示：

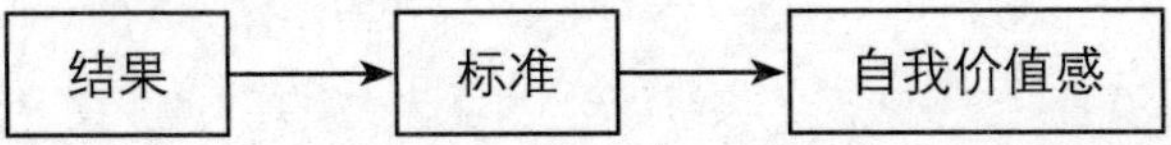

结果符合标准就是成功，逐步建立自信，形成自我价值感。结果不符合标准就是失败，逐步形成自卑。自我价值感形成过程中，有两方面参与其中：一个是自己评价，一个是别人评价。我们首先依靠自己评价，由于结果与标准不符，很多人缺乏自信，自我价值感不足，这时候需要依靠别人评价补足自我价值感。他本来就不自信，你说他是垃圾，他会更痛苦，自然会奋力反击。其实自卑的人不仅反对别人，他也讨厌自己，但他没法不和自己在一起。谁说他不行，他就会反击谁，包括他自己。所以在批评与争论时，尽量控制在环境、行为、能力等较低层次，尽管如此还是会被一些人认为人身攻击，这和他们的自我价值感有关，一个很自信，自我价值感充足的人，是不会太在意别人说什么，反而很虚心，因为他们自己就能把问题控制在相关层次，而不伤及他们的自我价值感。

一个快速消费品业务员，与经销商发生了冲突。业务员主张经销商做终端，直接往小铺送货。经销商嫌那样太麻烦，准备找几个小批发商，由他们分发。业务员说："再过几年，市场终端下沉，不可能有很多环节，谁先占领终端，谁就控制市场。像你这种思路，还是老一套，看不见市场变化，永远做不大。"俩人为这事，争吵一下午，说话都不客气，现场充满火药味。晚上经销商一夜没睡好，仔细琢磨业务员说的话。第二天他就跟业务员赔礼："你说得对，是我见识短，就按你说得办吧。"过了几年，市场重心下移，很多原来的大批商被下一级批发商取代，这个经销商因为终端建设得早，市场掌控能力强，依然代理当地市场。

人际交往需要灵活运用，同样的话，对不同的人说，效果相差很大。不能对所有人都用一套话，应根据不同的人说不同的话。这个例子中，如果换一个缺乏自信的老板，没准会把业务员打一顿。这个经销商有自信，所以能听进反对意见，知道争论只是意见分歧，而不是人身攻击。

生活中这种人不多。所以批评、争论这些方式，尽量少用，很容易被别人上升到自我价值感层面。少用批评、争论，多用赞美。赞美不是直接下结论，而是在结果和标准两方面改变，这样别人就会建立自信。这有点像议论文，不要仅仅说论点，重点在论据，说出论据，别人就能总结出论点。所以赞美别人时，多想想具体点在哪里，不要只是笼统地说。

赞美是人际交往的利器，具有普遍适用性，基本每个人都需要，因为建立起强大自我价值感的人很少。还有一个原因，人们可能在这方面自信，在其他方面不自信，不自信就需要靠外界评价补充。同理如果一个人在某方面很自信，他就不用外部评价补充。这也是赞美需要注意的地方。有位记者采访一位女强人，采访结束时，记者说："以前总以为您非常强势，通过采访，我发现您也有女性温柔细腻的一面。"女强人激动地说："他们只看到我工作的时候，还是你看人准。"所以赞美对于缺乏自我价值感的人，不自信的方面，效果特别好，而缺乏自我价值感的人很多，不自信的方面几乎人人都有。这是理论基础，下面讲一些例子，帮助大家结合实际情况寻找赞美的"论据"。

服饰相貌

爱美之心，人皆有之。当外貌成为自信的标准时，穿着打扮不仅仅关乎美丽，而是对生存、生活产生重大影响的问题。卡耐基在《人性的弱点》中讲述他 98 岁的祖母时，这样说：数年前，我祖母在 98 岁时死去。她去世前不久，我们给她看一张她自己在三十多年前所拍摄的相片。她的老花眼已经看不清相片，但她唯一的问题是："那时我穿着什么衣服？"试想一想，一位在她生命最后 12 个月的老太太，虽然年事已高，卧床不起，记忆力衰弱的几乎不能辨认她自己的女儿了，还注意自己 30 多年前所穿的是什么衣服！她问这个问题的时候，我就在她床边，这事在我脑海里留下了一个不可磨灭的印象。

很难想象，八九十岁的老人，居然还这样在乎容貌。我们可能会说，都这么老了，还用得着这么在乎容貌吗？这不是容貌的问题，而是关乎她们自信与自我价值感的重大问题。所以当有人穿新衣服、换新发型，在你面前转来转去时，千万不能视而不见。人家在等你夸奖，你啥话都不说，就太不把别人当回事了。

名字

一位朋友说：来公司上班已经一个月了，我知道新人要好好表现，所以这段时间，倒垃圾、换水等格外卖力。今天中午在餐厅吃饭，公司一个同事坐对面，我向她打招呼，她说："你是……"顿时感觉太伤自尊。工作一个月居然都不知道我是谁。

每星期"阿姆斯壮机器工厂"的总经理或财务主管都会拿着一个锡盒子到处走动。盒子里装着薪水支票。因为总经理或财务主管亲自发放支票，所以他必须要知道每一个人的姓名。这对一个拥有三百人以上的部门来说不是件容易的事。为什么要用这种费时费力的方法？公司管理层认为，员工不仅仅只是一个代号，他们每个人都有一个值得记住的名字。

钢铁大王安德鲁·卡耐基小时候有一只母兔，兔子繁殖很快，所以不久就"兔满为患"了。卡耐基无力饲养这么多兔子，他想到一个办法。他找来邻居家小朋友参观兔舍，看到这些小兔子，小朋友们表现得异常兴奋，于是卡耐基对小朋友们说："既然你们这么喜欢小兔子，你们可以用自己名字命名喜欢的兔子，不过每天要找食物喂它们。”小朋友们欢呼雀跃，卡耐基的认养协议发挥效用。

为竞标太平洋铁路公司卧车经营权，卡耐基与老对手普尔门再一次狭路相逢，他们互相排挤、降价，双方都已无利可图。有一天，卡耐基在旅馆门口遇见普尔门，他说：“老兄，我们俩不是在犯傻吗？你我都知道，这种竞争无论谁输谁赢都不可能赚钱，为什么不联合起来？”普尔门也被这场两败俱伤的拉锯战折腾得精疲力尽，早有休战意愿，只是碍于面子，不得不苦撑。所以当卡耐基提议合作经营时，普尔门深有同感。不过两人毕竟是多年竞争对手，普尔门并未完全相信卡耐基的诚意。他说：“新公司叫什么名字？”卡耐基明白了普尔门的顾忌，于是回答说：“当然叫普尔门皇宫卧车公司。”普尔门听到这个名字，脸上露出一丝掩盖不住的微笑。强强联手，签约成功，这次合作成为企业界双赢的典范。

克莱斯勒公司为罗斯福总统特制了一辆汽车。张伯伦与工程师约翰去白宫演示如何操作。演示过程中，张伯伦仔细为总统讲解、示范，羞怯的约翰一直站在人群后面。结束时，他们向罗斯福告别，总统亲切地叫着约翰名字鼓励他勇敢表现自己。而罗斯福仅仅听过一次约翰的名字。

26岁的罗恩·克拉克先生获得美国年轻教师奖，他和36位学生被邀请去参观白宫。他们与克林顿总统和希拉里（总统夫人）共进午餐，拍照留念。令克拉克吃惊的是，临别时，希拉里叫着每位同学的名字与他们说再见。

有一次在老家集市上见到一位来自远方的旅行者，我俩攀谈起来。他此行目的是看刻有自己名字的碑文。2008年北京一家机构以迎接奥运为名，向全国书法爱好者征集作品，他们的作品将会雕刻在2008块石碑上，每人花费2000元就可以让自己的作品名垂不朽。很奇怪，他们的石碑在老家的村边上，我居然不知道有这回事。是什么原因让一个近在咫尺的人对石碑漠不关心，而远在天边的人千里迢迢赶来拍照留念？答案是：名字！因为石碑上刻有他们的名字。

每个人都很在意自己名字，这与自我价值感有关。自我价值感包含几个方面：关注；价值、贡献；独特；外界关系。名字包含自我价值感的几个方面：首先是独特性，名字是一个代号，将我们与其他人分开，名字代表独特性。

兴趣爱好

兴趣爱好，一般是别人的长处，这也是它们引以自豪的地方，肯定长处，等于肯定这个人。

杜佛诺是一家面包公司的老板。当地有一家经营规模很大的旅馆。多年来，他一直向这家旅馆推销面包，但总是被各种理由拒绝。为改善关系，他甚至在旅馆开房间住在那里，房费花不少，但一个面包也没卖掉。后来他听说旅馆老板爱好登山，并且有意成为登山协会会长。只要登山协会有活动，他义无反顾，从不缺席。

这次他改变谈话策略。他向旅馆老板询问有关登山事宜，旅馆老板瞪大眼睛看着他说："原来你也有这个爱好，我给你讲……"旅馆老板眉飞色舞地讲了半个小时，谈话结束时还极力劝说杜佛诺加入登山协会。两个星期后，杜佛诺接到旅馆老板电话："兄弟，把面包送过来，我愿意为你代销。"

富兰克林担任州议会秘书长，负责文字工作。同时他还拥有一家印刷厂。议会中有关文件、选票、纸币等印刷业务，富兰克林近水楼台先得月，获利颇丰。有一年，议会中突然冒出一个很有影响力的人物，他很讨厌富兰克林，在他的抵制下，富兰克林印刷厂业务逐渐萎缩。看到这样的情形，富兰克林只得寻思对策。反对富兰克林的人酷爱读书，家中有一个藏书丰富的图书室。于是富兰克林经常到他家借书看。刚开始，反对他的人还以为富兰克林不过是装装样子，时间一长，他发现富兰克林是一个勤奋好学、追求进步的人，于是两人结为忘年交，一直到此人去世。

细节

1960年法国总统戴高乐访问美国。尼克松总统举行宴会欢迎戴高乐。为此尼克松夫人布置了一个别致的鲜花展台：马蹄形桌子中央，五光十色的鲜花衬托着一个精致的喷泉。戴高乐一眼看出这是为欢迎他而特别制作的，情不自禁地称赞道："女主人为举行一次正式的宴会要花很多时间来进行这么漂亮的布置吧。"尼克松夫人非常高兴，事后她说："大多数来访的大人物，要么不加注意，要么不屑为此向女主人道谢，而他总是想到别人。"别人之所以在细节上精心准备，一方面是特别注重细节，另一方面是想通过这种方式引起他人关注和欣赏。我们要通过赞美和感谢不失时机地回报对方的良苦用心，这样能给对方带来巨大的心理满足，从而增进彼此的感情。

柯达公司创始人乔治·伊斯曼捐献巨资在曼彻斯特修建教堂、影剧院、纪念馆等公益设施，他对所采用设备要求严格，许多桌椅制造商想承接这笔生意，最终都因无法令伊斯曼满意而失败。美国优乐座椅总裁布鲁斯·亚当森也想得到这笔生意，他打电话给伊斯曼的秘书，约定在曼彻斯特拜访伊斯曼。"伊斯曼先生非常忙，请尽量简明扼要介绍您的产品，否则他会不高兴的。"秘书好心提醒说。亚当森走进伊斯曼办公室，他正在埋头处理一批文件。过了一会，伊斯曼抬起头问："早安，先生，有事吗？"秘书互相介绍后，亚当森说："伊斯曼先生，刚才我仔细观察了您的办公室，我从事室内装修多年，从未见过像您这样精致的房间，说实话，这真让我羡慕。"伊斯曼高兴地说："这间办公室是我亲自设计的，建好以后由于忙于公事，几乎没时间好好欣赏。"亚当森一边摸着地板，一边说："我想这是英国橡木，意大利橡木质地没有这么好，是吗？”伊斯曼回答道：“您说得太对了，这是一个做木材生意的朋友，专门从英国运回来的。”说着，兴奋的伊斯曼像孩子一样，高兴地带亚当森参观他的办公室，还拉出一个大箱子，翻出一卷胶片，向亚当森讲述他早年奋斗经历，亚当森认真倾听并不时流露出钦佩之情。中午伊斯曼款待亚当森吃午饭。下午伊斯曼请亚当森观看他油漆一把日本椅子。当伊斯曼自豪地油漆完椅子，天色已晚，亚当森起身辞别。就这样亚当森与“公务繁忙”的伊斯曼相处一天，并没有谈一句生意上的事。最终亚当森不出意外地得到这笔大生意，而且与伊斯曼成为一生好友。

值得赞美的事物并不总是在显眼处，平凡之中见真情，细微之处显心意。以上我们说了四个方面：相貌服饰，名字，兴趣爱好，细节，生活中处处都有值得赞美的地方，关键是我们能否发现。就像罗丹所说的那样：“生活中不缺少美，缺少的只是发现美的眼睛。”

我们的大脑就是一部照相机，随时随地在为生活拍照。生活中美丽与丑陋并存，我们不能说世界全是美好，那是自欺欺人，但是我们可以调整看问题的角度，让自己多关注真善美，少看假丑恶，这样会得到更多快乐。那些不快乐的人，眼睛总盯着问题，却看不到自己拥有的幸福，事实上，谁都有不如意的地方，把自己困在问题与困难的牢笼中，看什么都不顺眼。人这辈子，只有一个问题无法解决，那就是死。除此之外，所有的事情都能过去。那些看似必须解决的问题，要么放下，要么绕个弯，都能过去。打败我们的不是经历，而是对经历的态度。

没有十全十美的人生，也没有一无是处的世界。痛苦与快乐，看我们怎样对生活进行取舍与诠释。别总盯着不好的事情看，越看越痛苦；多看看好事，用心感受拥有的快乐，你会发现：原来，生活很美！生活中，有些事情我们无法改变，但生活不全是这些不好的事情，绕过那些不好的，我们依然可以快乐。

转变信念，就能发现生活中的美，当我们欣赏生活中美好的事物时，心情很快乐，顺便就把别人赞美了。当我们真正觉得某件东西很好时，即使什么都不说，别人也能感觉到。对别人的欣赏，就是肯定与赞美。仅仅是欣赏美，体验美，自己高兴，别人也高兴。快乐最重要，何乐而不为呢?

本节小结：

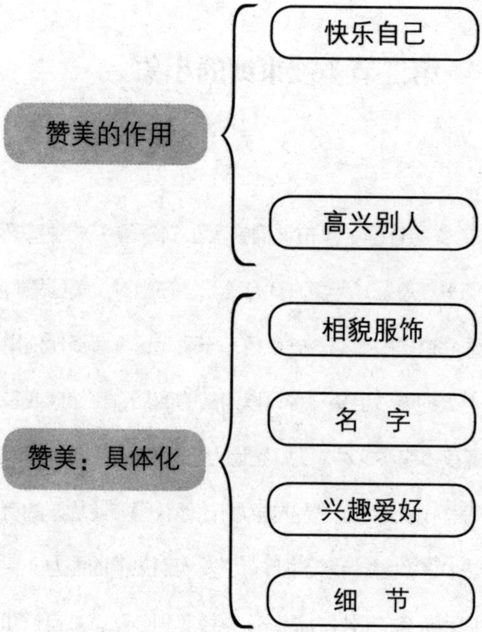

第二节　被束缚的小象

1921年，38岁的查理·夏布被钢铁大王安德鲁·卡耐基提名为美国钢铁公司第一任总裁，年薪100万美元。在当时全美国只有极少数公司高管能达到这样的薪酬。安德鲁·卡耐基这样解释他任用夏布的原因，“应付人的能力也是一种可以购买的商品，正如糖或者咖啡一样，而我愿意花钱购买这种能力，它比世上任何别的东西都珍贵。”夏布究竟具有怎样出色的“应付人的能力”让他获得如此优厚的待遇？他坦承其中秘诀：“我想，我天生具有引发人们热情的能力。促使人将自身能力发展到极致的最好办法，就是赞美和鼓励。来自长辈和上司的批评，最容易使一个人丧失志气。我从不批评人，我相信奖励是使人工作的原动力。所以我喜欢赞美而讨厌吹毛求疵。”

被誉为“打工皇帝”的唐骏，加盟新华都时，老板陈发树开出10亿元天价。在《我的成功可以复制》一书中，唐骏表达了和查理·夏布相同的管理秘诀：我的管理方式主要是给下属更多的鼓励和赞扬。

夏布和唐骏运用赞扬的方法管理企业，获得巨大成功，赞美有何魔力？赞美的第一个作用是营造良好的沟通氛围，另一个作用是鼓舞别人。两个原因：一是，赞美是一种价值肯定，人受到肯定会非常高兴，为再次获得高兴的感受，他们会重复原来的行为。二是，赞美可以通过外在评价帮助别人树立信心。有人研究过很多成功者，试图从他们身上找成功的共性。有人成功靠机遇，有人靠勤奋，有人靠聪明……后来总结出所有成功者身上必备的两点因素：信心和学习。有信心才敢干事，敢干事才可能成功。可见信心是我们做事的基础。

我们先看第一种情况。

看一位家长的做法。

张阳今年9岁，我想让他学会做家务。通常，都是我说几遍他才肯做，不催促就不做。一次，我发现他主动收拾桌上的盘碗，我故意（让张阳听到）大声对他爸爸说："你看啊，我们家张阳今天收拾桌子了，真干净。"张阳听到夸奖没什么反应。我说："收拾完之后，你可以玩一会，半小时回屋写作业。"半小时后，他准时回屋写作业，我说："很准时，说明你是一个说话算数的人。"

第二天，吃完饭，张阳站起来主动说："妈妈，今天桌子我来收拾。"

太神奇了。以前多次催促都不能完成的事，通过赞美真的做到了。

小侄女放学后找一间安静屋子学习，吃晚饭时，我说："××放学后能先把作业做完，之后才去玩，真是懂事了。"

吃完饭，发现她又去屋里学习去了。

都说孩子不禁夸，那是不会夸。用具体事例夸，越夸越上进。

再看这两位同学的经历

三年级时，我参加全乡数学竞赛得了第一名，我对这个名次没太在意，因为不知道能给我带来什么影响。那天爸妈在窗户下砸核桃，我听见爸爸说："小阳这次竞赛考了第一名，真聪明。"妈妈说："嗯，这孩子还真争气，不过不要告诉他，让他知道我们夸他，还不更调皮，哪有心思学？"

这时我才明白，原来爸妈是如此在意我的学习成绩，学习好可以得到他们的夸奖，成为我学习的动力。三年级我就能做五年级数学题，五年级就能做初三数学题。每次获得好成绩，都会得到同学们羡慕的眼光和老师的夸奖，于是我学习劲头更足了。

说到大学我主修专业——数学，我想有很大一部分原因要归功于我高中数学老师。上高中后第一次数学作业她就表扬了我，说我的论证过程简明清晰，希望同学能来看看我的作业。就因为她这些话，我在高一时数学作业从来都是班里最好的，成绩也是。她越是鼓励，我学得就越认真，也因此发现了数学的乐趣。我很多好的学习习惯都是在那个时候养成的。

不仅孩子，成年人谁不想听夸奖？

一个朋友参加婚礼，饭桌上都是陌生人，他起身为大家倒茶水。一位女士说：“真有绅士风度”。因为她一句话，那天朋友表现得礼貌而体贴，仿佛不这样做对不起“绅士”俩字，虽然饭没吃好，心里还是很高兴。渴望得到他人肯定与赞扬是本性，别人一句好话，屁颠屁颠地把事办完，心里还美滋滋的，这就是人。

赞美的第二种情况是帮助缺乏自信、自我价值感不足的人，建立自信。自我评价系统没有建立之前，别人的评价往往决定我们的信心。这方面，孩子表现得特别明显，他们尚未建立起自我评价的标准。自信心的树立能影响孩子一生，可以成就一个人，也可以毁掉一个人。

马戏团表演结束后，大象被用一根细绳栓在小树上。“你们把大象栓在小树上，不怕它挣脱伤人？”路人担忧地问。“没关系，不用怕，它不会乱跑。”马戏团的人说。“这么个大家伙，用这么跟小细绳拴着，只要它稍微用力，就能轻易挣脱。”路人接着说。马戏团的人解释道：“因为在它还是小象时，我们用铁链绑住它的腿，固定在一个地方。它每次努力挣脱的时候，都会摔倒。摔倒的次数多了，它就不再试图逃走。直到现在，虽然它已经长大，我们仅用一根细绳，但是它依然认为自己无法挣脱，所以不会做任何努力。”听到这里，有的人为小象觉得可惜！因为它对自己可以挣脱束缚失去了信心，不愿意相信自己终有一天可以挣脱捆绑。

20岁：我决定要干一番大事业，不能虚度此生。

“得了吧，你以为事是这么好做的吗”

25岁（经历人生第一次挫折）：我如果更努力一些，或许就能够成功。

“我早说过，人的命，天注定，胡思乱想不顶用。年轻人，不听老人言，吃亏在眼前。醒醒吧。”

30岁（还是没有成功）：思想分化成两种。

一种：不是我不行，而是没关系，没背景，没好爹。这个社会，黑暗、腐败，我是怀才不遇。

另一种：折腾来折腾去有什么用，知足常乐，平平淡淡才是真。

十年时间，足以磨掉大多数人的锐气和信心。

圆滑了，世故了，放弃了。

奋斗，可能会成功，也许会失败。

不奋斗，注定不会成功。

对一个人最大的赞美就是激励他的梦想：“你能行！”

“我不行。”

“要对自己有信心。”

“我心里没底。”

信心不是别人以战之名给你鼓励，而是必须靠自己去做事，做成事。哪怕是再小的成功，也能树立起信心。信心需要慢慢积累，梦想才会逐步放大。

“我有点糊涂，你说信心必须靠自己去做事，既然这样，我们赞美有什么用？总不能颠倒黑白，把失败说成是成功吧？”

是的，信心靠自己做成事建立，但什么是“做成事”？“做成事”的标准是什么？如何为“做成事”定性决定了如何树立信心。信心可以帮助树立自我评价标准，自我评价不足时需要通过外界评价。

一个小女孩，自幼被巫婆囚禁在高塔里。巫婆每天对她说：“你的样子丑极了，看到你的人都会害怕。”小女孩慢慢长大，她始终相信自己丑陋无比，为避免别人嘲笑，从不敢尝试迈出高塔一步。

有一天，一位王子从塔下经过，望见长发飘飘的姑娘呆坐在塔中。

“嗨，美丽的姑娘。”

姑娘没有任何反应，因为她知道自己的容貌和美丽不沾边，王子不可能是在对她打招呼。

“你好，可以认识一下吗？”

姑娘四周张望，“没其他人啊，难道和我说话，天啊，我这么丑一定是把别人吓着了。”

任凭王子千呼万唤，姑娘始终躲在塔中不肯出来。王子不解：“这么漂亮的一个人，为什么把自己关在塔中，难道另有隐情。很多故事中说，公主被巫婆施以魔法，囚禁在某地，莫非这是现实版童话？”

王子喝了些酒，壮着胆，爬上高塔。

“你为什么把自己关在塔里？”

“因为我很丑。”

“很丑？谁说你丑？”

“妈妈说的。”

“谁是你妈妈？”

“每天来给我送饭的人，她说我很丑，不能走出塔。”

王子明白了事情的原委，怎样才能让姑娘知道自己的真实容貌呢？

镜子？没有。

水盆？没有。

……

“有了。”王子急中生智。

“你转过身去。”他对姑娘说。

“嘘——”

“过来吧，照照自己，看你长什么样。”

姑娘借着微弱的反光，看见自己并非青面獠牙，好像还是人样。

“我说你很漂亮，你不信，你自己看，我说得没错吧？”

“看不太清。”

“你跟我到塔外面，找镜子让你照。”

这时姑娘已经知道别人不会嘲笑她了，便欣然接受王子的建议，一同走出囚禁她二十多年的高塔。

没想到——

月亮看见她，赶紧找块云彩遮住自己；鲜花看见她，不好意思地低下头；鱼儿看见她，忘记游泳，沉入水底；大雁看见她，忘记拍打翅膀，跌落下来。

“原来我也是很美的！”

从此，王子和姑娘开始了童话般的生活。

然而生活中“女巫”式的人物很多。

女儿一年级时，妈妈对她说：“期中考试有一门课考100分，我就带你去吃肯德基。”那天，她兴高采烈地跑回家，拿出一张细细长长的纸条给妈妈，说：“妈妈，我考了100分，明天我们去吃肯德基。”妈妈接过纸条一看：数学85分，语文95分，自然100分。“自然100分也能算100分？”妈妈气呼呼地把纸条扔在一边。

女儿四年级时，拿回一张奖状，喜悦之情溢于言表。妈妈以为是三好学生或前三名的奖状，接过一看奖状上写着“读书大王”。“读书大王是什么意思，就是说你读的乱七八糟的没用书太多了，知道吗？你还美得屁颠屁颠到处显摆。”

小时候跟奶奶长大，记忆中我做什么事都不对：穿衣，吃饭，走路姿势……她总能挑出这样或那样的毛病。我走路总是低着头，觉得自己很差劲，低人一等。初中时，学校组织歌咏比赛。我的一个同学报名参加，她想和我一起唱。起初我不愿意，后来想到同学情谊，脑子一热要为她两肋插刀，哥们儿义气上刀山下火海都可以，唱首歌算什么。于是我豁出去了，扯开嗓子尽情发挥。没想到我们得了第一名。这时我才意识到：“原来我不是什么都不行，我也有优点。”

隐藏的神性

印度教有一个传说，曾经世上所有人都是神，但人经常滥用神性，以至于梵天——一切众生之父不得不收回人身上的神性，并把它藏在人类永远不会重新发现它的地方。

于是诸神纷纷提议。

“我们把它深埋于地下？”

“不，因为人们会挖掘到地层深处并发现它。”

“那么我们把它沉于最深的海？”

“不，因为人类会潜水在海底发现它。”

“我们把它藏于高山之巅？”

“不，因为人类总有一天会爬上每座山峰去捕获神性。”

“那我们实在不知道应把它藏在哪儿人类才不会发现。”

“我告诉你们，把它藏在人类自己身上，他们绝不会想到去那里寻找。”

诸神赞成。

摩西婆婆76岁开始作画，80岁举办个人画展。有人问为什么76岁才开始创作，她说，因为以前没想过。

褚时健出狱后，承包荒山种橙子。王石去哀牢山探望他，75岁的褚时健向王石描绘6年后丰收的景象。果树长大后，“褚橙”供不应求。一般人，75岁，能不能再活6年都不肯定，褚时健敢想敢干，他成功了。

摩西婆婆76岁找到“神性”，褚时健75岁依然没放弃“神性”。

如何帮助别人找到他们隐藏的“神性”？

一个女孩，唱歌很有天赋，少年时代获奖无数，于是她的父亲聘请最优秀的音乐老师教她唱歌。这位年轻的教师音乐造诣极高，对她要求极严，只要她有一丝一毫的错误，就绝不会逃过教师的耳朵。女孩出于对教师才华的仰慕，竟不由自主爱上了他，每次见到老师都十分紧张，当然每次都会引来无情训斥。女孩陷入恶性循环：越是想唱好，越是紧张；越是紧张，越出差错；越出差错，越是批评。

“或许我并不适合唱歌。”最后她这样评价自己。

于是她逐渐厌恶表演，不敢在公开场合演唱。后来她与音乐老师结婚，彻底放弃了音乐，过起了相夫教子的日子。

天有不测风云，丈夫在一次车祸中丧生。然而也正是这一次意外，改变了她的人生轨迹。

一天她赋闲在家，唱歌打发时间。一个推销员来家中兜售商品，被她的歌声迷住了：

“您唱歌太好听了，为什么不去音乐厅唱？”

“我唱得不好，没人请。”

“我帮你联系。”

她知道这只不过是推销员为卖货而讨好自己，不过心里还是很高兴，出于感谢，她买了推销员的东西。

没想到过了几天，她真收到音乐厅的邀请，其实这是推销员自己花钱包场让她来演唱。为避免没有观众的尴尬，推销员找到他所有朋友，请求大家来捧场。

演唱会那天，推销员和他朋友坐在前排，拼命为她鼓掌，并像正式音乐会一样送上鲜花表示喜爱之情。

“我真唱得这样好吗？”

“是的，你的歌声是我听过的最动听的音乐。”

“谢谢你的夸奖，我知道不是这样的。我以前练过唱歌，最优秀的老师说我唱不好歌”

“你喜欢唱歌吗？”

“喜欢”。

“那就去唱，观众最知道谁会唱歌。”

“好吧，我试试。”

就这样，她一场接一场在音乐厅唱歌，观众越来越多，不用找托儿音乐厅也能坐满人。推销员每次都坐在第一排，带头鼓掌，掀起一次又一次的高潮。面对观众的认可和鼓励，她越唱越自信，越唱越有感觉，最终成为著名的女高音歌唱家。当然，推销员也抱得美人归，与歌唱家结为百年之好。

一个学术水平很高的老师，只知道批评，让一个天赋出众的歌手中途夭折；一个不懂音乐的推销员，运用赞美的方法，成就了一位歌唱家。批评使巨人变成庸才，赞美让普通人成长为巨人。

从事建筑业的乔吉拉德轻信小道消息买下一块地，盖的廉价房因为没有下水道而无法销售，当初告诉他消息的人保证市政府将很快修建下水道，当他去市政厅询问时才发现被骗了。他无力偿还建筑费用、银行贷款，多年心血付之东流。

为避开执行人员收回汽车和房子，他每天把车子停在离家几条街以外的地方，然后偷偷摸摸地绕到屋子后面爬窗而入。

“爸爸，我们为什么不走前门？”

“哦，宝贝，我们在做游戏，只能从后面走，如果谁从前门走就算输，好不好？”

当然，这些方法最终还是无法阻止法院收回车子、房子和他仅有的尊严。

熬过躲在墙壁和门后的日子，却躲不过自己的肚子：

“爸爸，明天我们吃什么？”

望着孩子天真无邪、无忧无虑的眼睛，任何一个父母都能体会到自己身上肩负的让孩子吃饱饭的最低责任。乔吉拉德感到无能为力，眼前一片茫然，他跪在地上祈祷：

“上帝啊，请赐给我重新开始的信心吧。”

然后，上帝真的出现了：

“乔，我们当初结婚时也是一无所有。一转眼间，又什么都有了。现在呢，只不过我们又一无所有了。那时我对你有信心，现在依然对你有信心。你可以再次成功，我相信你。”

妻子的鼓励，对心灰意冷的乔吉拉德无异于雪中送炭，令他重燃希望之火。

35岁的乔吉拉德再次上路，从而开启了“世界最伟大销售员”的辉煌历程。

“建立自己信心最好的方法之一，就是从别人那里接受它。”他说。

一位家长这样说：

孩子上高中后，数学很吃力。初中文化的我看在眼里，急在心里，无能为力。为帮他补习功课，请了一位具有多年教龄的老师做家教，一年下来，成绩依然平平。后来我参加了人际关系研讨班，才发现问题所在。

这位老师在名校教学多年，经他培养出的尖子生数不胜数，我也是打听到这些才聘请他的，他讲课很快，很少夸孩子。我们以为这样高标准、严要求对孩子有好处，或许他的方法对基础好的学生适用，但像我们孩子这样成绩不好的，他本来就很自卑，对数学存在畏惧心理，还对他严厉吼叫，除了让他无所适从、丧失信心，起不到任何正面作用。我教育孩子没耐性，老师比我还暴力，如果靠斥责打骂就能教好学生，还用一小时300元费用请你这个专业人士，就为打击孩子自信心?

我果断辞掉他，又为孩子找了一位来自农村中学的老师。说实话，开始还是有些担心，她是否比名校老师更能帮助孩子？一星期试讲结束后，孩子脸上出现了少有的轻松愉快表情，我确定这次找对人了。

这位老师讲课速度较慢，孩子听明白后才继续讲，只要孩子做对，总能听到她及时夸奖，孩子越学越高兴，越学越有信心。

高考时，数学满分150分，孩子考了140分。做梦都没想到，以前只是刚刚及格的他能考成这样。我们全家从心里感谢这位老师，感谢她给孩子带来的快乐和自信。

故事中的家长由于自身文化水平不高无力辅导孩子功课，先后聘请了两位老师，结果迥异。无论是否精通高中数学，人际交往普遍原则不变。家长或许不能亲自辅导孩子专业知识，但一定要知道谁能帮孩子学习。天下没有教不好的学生，只有教不好的老师。

毋庸讳言，专门请老师辅导功课的学生，多数成绩不理想，如果成绩很好也不用开小灶。这些所谓的“差等生”不是不想学，更不是不想学好，人人都有自尊，看着周围同学比他强，每次都是自己垫底，他心理压力很大，这时候，无论老师还是家长，都不要总是盯着缺点不放，赞美鼓励比斥责批评强一万倍。

赞美不是胡编乱造，而是通过转变角度，发现本身存在的优点。

有一个人小时候身体素质差，总跑不过别人，不喜欢体育课。

应该怎么说？

“你怎么这么笨，总是个软蛋，真给我丢脸。”

“我小时候总跑第一，没想到你这么不争气。”

……

越说孩子越自卑。

有位妈妈说：“你知道自己跑不快，还跟同学一起跑，说明你是一个勇敢的人，勇敢的人是可以做大事的。”

“每次听妈妈这样说，都让他信心倍增，浑身充满力量。”

孩子考试成绩不理想，怎么说？

那次考试，我和隔壁小伙伴都考的不好。开完家长会，他妈妈没进门就开始骂：“你整天就知道玩，看看考什么样……”

我怀着忐忑不安的心情回家，妈妈让我看试卷，然后说：“把考卷收起来，往后每考一次就把试卷放在一起，用这张考卷垫底，以后会越来越好。”

人大附中有一个同学，上次考试 38 名，这次考 35 名。他父亲埋怨说：“半年了，一点进步都没有，你怎么学的？”

老师说：“孩子前进 3 名，是很大进步，每次前进 3 名，高考能进班级前 20 名，人大附中藏龙卧虎，班级前 20 名保送清华、北大，他经过一学期努力，进步很明显。”

一个同学成绩不好，上次考37分，这次考49分。老师在点评时，让全班同学做一道数学题：这次成绩减上次成绩。比如这次考98，上次96，得2分；这次86，上次90，负4分。最后让大家比谁进步最大。这位成绩不好的同学以12分的进步成绩位列全班第一。老师通过这种方式让他看到自己进步。

孩子无自我评价能力，大多数孩子通过别人评价和态度给事件定性，定性决定自信。所以，越是夸孩子，孩子越有自信，进步越快。

卡耐基从小很调皮，9岁时见到继母，父亲指着卡耐基对继母说："这小子叫卡耐基，全镇最坏的男孩，调皮捣蛋，无恶不作，你要特别小心，说不定他会向你头上扔鸡蛋。"继母微笑地看着卡耐基："不是这样，在我看来，他是全世界最聪明的孩子，只不过还没找到表现自己的方式。"那一刻，卡耐基泪如雨下。14岁时，继母为卡耐基买回一台二手打字机，对他说；"你有写作天赋，将来会成为作家。"卡耐基备受鼓舞。若干年后，卡耐基成为现代成功学的奠基人。

美国一位著名企业家叙述他的人生转折：

那时我穷困潦倒，面对前途一片茫然，只好每天摆地摊卖铅笔，靠微薄的收入勉强活着。一天，一位衣着考究、老板模样的人买了几只铅笔，他扔下钱，竟忘记拿铅笔，就急匆匆钻进地铁站。过了一会儿他又跑出来取铅笔，我很好奇：

“先生，从穿着看您不像是穷人，为几根铅笔，从地铁站出来，浪费车票还耽误时间，值得吗？”

他的回答改变了我的一生：

“你是个商人，不是乞丐。做生意讲究公平交易，我给你钱，当然要拿东西。”

“我是商人，不是乞丐”，这句话极大的震惊了我，以前我认为自己就是乞丐，甚至还不如乞丐，居然还有人把我当成商人？

从此我四处求职，努力工作，最终成为一名优秀的推销员。

几年后，当我西装革履的参加一个名流云集的宴会时，我一眼就认出了当初买铅笔的那个人，我走上前向他深深鞠了一躬：

“谢谢您，如果没有您，就不会有我的现在，说不定我还是一个乞丐。”

“不用谢我，你那时的确是个商人，和我一样，我们都在卖东西，只不过我给了你一些启示，让你认识到这点。”

泰德的三封信

学校开学的第一天，汤普森夫人站在她代课的五年级课堂上，面对一大群孩子，她撒了一个谎。就像绝大多数的老师那样，她看着学生们，对大家说她同样地爱他们每一个人。然而这是不可能的，因为就在前排，有一个叫泰德的孩子坐在自己的位置上，一副萎靡不振的样子。一年前汤普森夫人就注意到了这个孩子，他不怎么和其他的孩子们玩耍，身上的衣服又脏又破，显然他需要好好地洗个澡。而且泰德也有理由不开心，因为他已经到了这样一个时刻，汤普森夫人拿着一支粗粗的红笔在泰德的卷子上画了一个大大的红叉，然后在卷子的上方重重地写上三个大字“不及格”。

在汤普森夫人就职的学校，要求老师经常查阅每一个孩子以往的成绩，所以汤普森夫人翻阅了泰德以前的档案。然而当她打开泰德的卷子时，她发现了令人吃惊的事情。泰德的一年级老师这样写道：“他是一个面带微笑的阳光男孩，他很整洁，有很好的习惯，周围的人都喜欢他。”他二年级的老师这样写道：“泰德是一个优秀的学生，深受同学们喜爱，然而他却陷入麻烦中，因为他的妈妈染上了绝症，他的家庭生活陷入了困境。”他的三年级老师这样写道：“妈妈的去世对这孩子是一个沉重的打击，他想把事情做好，但他的父亲却不感兴趣，如果不采取措施，他的家庭状况不久就会影响到他。”他的四年级老师这样写道：“泰德退步了，而且对学校快失去了兴趣，他没有什么朋友，上课经常睡觉。”

直到此刻，汤普森夫人意识到问题之所在，并对自己的失察感到羞愧。圣诞节的时候，其他孩子们给她带来了用漂亮的丝带和明亮的彩纸包装的圣诞礼物，而泰德的礼物仅仅是用市场上的牛皮纸草草包裹着，汤普森夫人的心都碎了。她忍着痛打开了这个礼品盒，发现里面装着一个假金刚石手镯，而且还缺失了几颗，有一些孩子开始起哄。汤普森夫人制止了孩子们的嘲笑，接着宣布那个手镯非常美丽，然后戴上并在手腕上涂了一些泰德带来的香水。那天放学后的泰德留了下来，他对汤普森夫人说：“汤普森夫人，今天您的笑容就像我妈妈一样。”

孩子们走了以后，汤普森夫人至少哭了一个小时。从那天开始，汤普森夫人不再仅仅教授阅读、写作和算术了。而是开始教育孩子们。汤普森夫人格外关注泰德，而泰德也似乎恢复了以往的灵性。她越是鼓励他，他的反应越快。在那一年结束的时候，泰德已经成为班上最聪明的学生之一，尽管汤普森夫人说同样爱每一个人，实际上泰德已经成为老师最宠爱的人了。

一年以后，她在门下发现了一张纸条，是泰德写的，上面说汤普森夫人是他整个生命中最好的老师。

六年过去了，汤普森夫人接到了泰德的第一封来信。信中说他已经高中毕业了，成绩在班里排名第三，并宣称汤普森夫人仍然是他生命中遇到的最好的老师。

四年后，她又收到了泰德的来信，信中说尽管在大学里学业很紧张，很辛苦，但他一直没有退缩，毕业论文被评为优秀，不久将离开学校，他再次宣称汤普森夫人仍是他一生最好的老师。又过了四年，泰德来信说获得学士学位后他决定继续深造，并重申汤普森夫人仍然是他遇到过的最好老师，这次泰德的署名和以往有所不同，他的署名是泰德·F·斯图亚特医学博士。

故事到这里并没有结束，有一年春天泰德又来信了，他说自己爱上了一位姑娘，并打算和她结婚，他解释道：自己的父亲前几年也去世了，他不知道汤普森夫人是否愿意参加他的婚礼，并坐到通常是给新郎母亲准备的椅子上。

汤普森夫人欣然应允，还有呢，你猜怎么着？她带着那个手镯，撒上当年泰德妈妈常用的那个牌子的香水，就是泰德和妈妈度过的最后一个圣诞节时妈妈用的那小瓶香水。

他们紧紧地拥抱在一起，斯图亚特博士在汤普森夫人耳边轻轻地说：“谢谢您当年对我的信任。谢谢您使我认识到自己的重要性，让我看到自己还能发挥作用。”

汤普森夫人留着眼泪说：“泰德，你弄错了，是你教会了我，使我认识到自己怎么发挥作用。在遇到你之前，我根本不懂得教育孩子。”

赞美可以帮助别人树立信心，激发他们奋力前行，很有效果。但是赞美的重点不在方法，而在认知。特殊儿童教育案例：

说到王泽，爱心小学没有一个不认识他的。“老师，王泽上幼儿园的时候就经常自己摔倒，我和他是幼儿班的同学！”“老师，是他自己摔倒的，我当时就在他身边。”当时担任一年级的杨老师在调查王泽摔伤事件中，同学们七嘴八舌地向老师汇报着。

后来，真正见到了王泽本人，才知道同学们口中的“自己摔倒”是怎么回事？原来王泽患有先天性小脑萎缩，走路极不稳，看不准路，经常在上下台阶的时候摔倒。手脚不稳，口齿不清，体质较弱，再加上眼神也不太好，自然他成了班里的“特殊”照顾对象。课下同学们不准和王泽打闹；课上只要不影响课堂纪律，王泽就是“自由”的，可以不听讲，可以不写作业。因为他的体质弱，很自然的让人联想到他的智商也是弱的，所以没有谁会和王泽计较，同学们让着他，老师们“照顾”他，就这样王泽度过了三年快乐的小学生活。

四年级了，由于学校的安排，我被安排担任四年级的数学课程。而王泽就在四年级三班，当时我想，不知道那个摇摇晃晃的王泽会不会在上课的时候乱说话，乱走动，有这样一个学生在班里，不知道课堂会是什么样子？怀着忐忑的心情，我走进了三班的教室。

近距离的接触，我发现课上的王泽是安静的，但却不听讲，也不写老师安排的课堂作业，有一次数学课上，在讲完课本内容后，同学们开始在本上练习写数。大家都在积极写数时，王泽却在那里东张西望，一副心不在焉的样子。我走过去，问他：“王泽，你为什么不写作业？”周围的同学忙帮他解围：“老师，王泽上课从来不写作业！”我明白同学们的意思，反问他：“是吗，王泽？”只见他的表情变得极不自然，刚才那副悠闲的神态早已消失地无影无踪了。看他那一副难为情的样子，我知道，他明白了老师的意思。我对他说：“写吧，一会儿老师还要给你判分呢！”后来，他果然写了起来，虽然当时上交的作业只有个别的数字能看清楚，但我依然很认真地给他讲，给他在本子上改正过来，并要求他回去按照老师给他改正的内容自己再重新写一遍。然后我也没把这个事放在心上，后来在第二天给他们上完课后，王泽摇摇晃晃地走到我面前，然后就把作业本递给了我说：“老师，我写完了！”我接过来一看，原来是昨天课上的作业，字迹歪歪扭扭的，仍然很乱，但仔细看来，除了个别的字写得不规范外，其他都是正确的。我笑着对他说：“你很棒，都做对了，如果再把这个数字写的规范一点就更好了！”他赶紧歪着脑袋靠过来看自己的作业。看着他认真的样子，我想如果他的身体不弱，如果他不被大家这样“特殊”照顾，也许他的现在又会是另一种样子。

后来，在第一章内容学完后，我给同学们做了个小测验，检验学生的学习情况，王泽也参加了测试，并交了试卷。我也像对待其他同学一样给他认真地评分。结果王泽考了 25 分，在以前他是没有分数的，发卷时王泽也在座位上静静地等着自己的试卷。当念到他的分数时，同学们都瞪大了眼睛，表示不敢相信。对于他今天来说是个特殊的日子，因为从今天起，他的试卷上有分数了。

后来的王泽越来越爱学习了，虽然上课仍然不能专心听讲，但他也会在老师安排写作业的时候，认真地写起来。家庭作业也能“按时”完成，甚至能提前预习下一课将要学习的内容。我很诧异，问他：“你自己会做吗？”他不好意思地说：“是妈妈教我的！”他对学习的态度变得比其他学生更积极了。

有一次，英语老师上课回到办公室就对我说：“王老师，你是怎么教的王泽？他在英语课上也在写数学作业！他怎么那么爱学数学了？”我反问：“他不学英语吗？为什么在英语课上写数学？”“他从来不学！什么都不会！我也懒得管他了！”原来我以为，王泽的学习是因为长大了、懂事了所以知道学习了，但现在看来他也仅仅是学数学，而其他的科目仍然延续以前的“自由”状态。

我知道，王泽的状态与老师对待他的态度有很直接的关系。我也寻找一切机会，帮助王泽树立学习其他课程的信心。一次我来到三班，准备上数学课，我发现讲桌上有一张语文试卷，满张试卷只有寥寥的几个字，我知道王泽的试卷又被提前拿了出来！我把他叫到我跟前，对他说：“王泽，这是你的试卷吗？”他不好意思地点点头。我对他说：“我来给你看看对了几个！”我发现，读拼音写词语这个题里面，几乎都是错别字。我对他说：“对了好几个字，但是词语里面字的搭配是固定的，不可以用同音字来代替的，你应该多记词语。”

后来在最近的这次期中小测验中，王潇同学对我说：“老师，王泽这次的语文作文得了三分！”我以为是同学们在揭王泽的短儿，我正要制止，只听她继续说：“王泽以前作文一个字都不写，这次写了100来字，得了三分！”我知道，同学们也都看到了王泽的进步，为他高兴。我转过头问王泽：“是这样吗？作文都能写那么多字了，你真棒！进步也越来越大了，同学们都发现了！”王泽的脸上又泛起那自豪又纯真的笑脸。

现在的王泽，仍然最爱数学，但由于起步太晚，他还没能赶上其他正常孩子的知识水平。但从他的情商及智商上看，他一点儿也不低于其他孩子。作为老师，我能做的是，除了教给他一些课本知识外，更主要的是传达给他一种信念：我是可以的，我一样很棒！希望在这个信念的支撑下,今后他能够很好的面对学习,面对自己以后的生活！

这位老师运用赞美的方法收到了很好的效果。在和我交谈过程中，她不止一次地说过“王泽不笨”的话。其实真正起效果的不是赞美的方法，而是“王泽不笨”的认知。正是有这种认知，才会有后来的尊重、鼓励。赞美说简单就简单，说复杂也复杂。转变认知，发自内心的认可，你会情不自禁地流露出肯定。

那么，怎么转变认知呢？我们看一个例子：

有个小学生，正在完成老师的命题作文《我的理想》。估计很多人都写过这样的作文，长大了要做什么。他的理想是建一个两百亩的农场，农场一侧是种植园，另一侧是养殖园、游泳池、跑马场，中间矗立着一栋别墅，很详细。可能是担心老师看不明白，他还仔细画了一张规划图，随作文一起交上。老师看到作文和规划图，很生气地对他说：“你知道两百亩农场要花多少钱吗？这无异于痴人说梦。你要现实点，别整天做白日梦。赶紧重新写一篇作文，我给你及格。”孩子回到家，反复琢磨，拿不定主意：“两百亩农场就是我的理想，坚持理想不及格，还是放弃理想换取及格？”他询问父亲的意见，父亲说：“这是大事，你应该自己决定，我不能替你做主。”孩子把作文和规划图重新交给老师。

若干年后，当年的老师带着学生到一个农场做客，农场正中央是一栋豪华别墅，别墅客厅中放着一张桌子，桌子上放着一篇作文和规划图。老师看到作文和规划图，对别墅主人说："当年我不知道对多少孩子说过要现实点，只有你没有放弃自己的理想，没想到你真把理想变成了现实。"

故事中的老师不是坏人，他也是好意，只不过他被自己的限制性信念所框定，看不到人具有的无限潜能。西方有句谚语："我们不能给别人自己没有的东西。"不是不想赞美，也不是不想激励别人，而是确实看不到。就像这位老师，他看不到别人的无限可能，可以肯定的是他也看不到自己的无限潜能。一个熟睡中的人，不可能去唤醒别人。怎么才能让自己醒来？那就需要转变信念。曼德拉曾说过：我们最大的恐惧不是我们没有能力，我们最大的恐惧是我们有无与伦比的力量，是我们的光芒而不是我们的黑暗使我们震惊。这句话的意思是说做任何事的时候，我们都要相信自己有能力做好。

我第一次听这些话，感觉过于深奥，没有留下太深的记忆。后来想起小时候发生在我们村的一个事。

老家是山区，没多少地，很多人外出务工，首选下井挖煤。经常听说砸死人的事。兄弟俩一起下窑，有一次遇到塌方，哥哥被一块巨石砸住腿，动弹不得。弟弟用肩膀抗住石头，撬开一条缝，拉出哥哥，捡回一条命。事后大家再去搬那块石头，几个人一起用力，石头纹丝不动。"我都不知道当时哪来那么大劲。"弟弟说。当亲人处在危难之际，情急之下会暴发出令人难以置信的力量。

中国有句古话：打虎亲兄弟，上阵父子兵。说明古人很早就知道用这些方法爆发出深藏在身体内部的力量。

首先是我们本身具有这种力量，只是平时没意识到，在某些条件的刺激下才有可能爆发出来。如果本来没有，再急也没用。

看两个关于乔布斯的故事。

年轻的乔布斯接受了一项任务，设计一款游戏机，老板要求使用的芯片越少越好，如果少于50个，每少一个都会有奖金。

乔布斯不是优秀工程师，这点老板很清楚。但乔布斯有个好朋友叫沃兹尼亚克，是设计高手，他一定会找沃兹尼亚克帮忙，“这叫买一赠一”，老板说。

老板说对了，乔布斯的确去找沃兹尼亚克，并且告诉他，需要在4天内完成，并且尽可能少用芯片。

“这个设计需要耗费大多数工程师数月时间，我觉得我肯定完成不了，但乔布斯让我相信自己一定可以。”沃兹尼亚克回忆说。

于是沃兹尼亚克白天在惠普公司上班，晚上回到家，匆匆吃口饭，便投入到乔布斯交给他的设计中。连续四天没睡觉，沃兹尼亚克终于完成了设计，并且只用了45块芯片。

1984年1月，苹果公司麦金塔电脑发布会即将召开，这是一款令乔布斯投入巨大精力和寄予“革命性”希望的产品。乔布斯正在为发布会做准备时接到工程师电话：“程序还有一些毛病，我们无法在一周内完成，是否可以再推迟两周？”乔布斯的严厉与苛刻公司没人不知道，工程师们在电话另一头屏息凝神，等待乔布斯狂风暴雨一般的责骂。不过乔布斯这次却没发火，他以一种出奇冷静的语气对工程师们说："这个东西你们已经做了几个月，再多两个星期也不会有太大区别，你们还是把它赶快做完，我会在一周后将你们的程序交付运行，并刻上你们的名字。"工程师们只得答应。周五工程师们带来浓缩咖啡，他们需要用这些东西熬过最后三个通宵。周一当乔布斯来到公司时，困倦不堪的工程师们如约向他交付程序。乔布斯赞赏地说："真正的艺术家总能按时完成作品。"

为什么苹果工程师用一周可以完成三周才能完成的设计？乔布斯没有魔法，他只是让别人相信那个他们不敢相信的自己。乔布斯曾这样对研发团队说："过程就是奖励，将来你们回忆起这段时光，会为它感到自豪。""我们的每个行为，都在深刻地改变着世界。"麦金塔电脑的内部，刻着所有研发工程师的名字，虽然一般人看不见，但它确实存在。每个人的梦想都不同，找到那些让你怦然心动的事物，它们会带给你前进的力量。

赞美：营造良好沟通氛围，帮助别人树立自信

第三节 改变

前面讲过控制的问题——多元化，很多事情没必要改变，但是有些事情还是要改变才能达成一致，比如销售，其实就是改变顾客认知，只有顾客认可，才能销售成功。改变是个技术活，你去买东西，一般会有两种销售员。一种是什么都不说，你随意，看上就买，看不上就算了。完全是顾客自愿。这种人基本就是看摊的。看着东西，别被人偷了；别人买货他收钱。还有一种人会介绍："先生，您看看这个，这个真不错，卖得可好了，很多人都买，特别好，特别适合您。"不是说东西好，就是说买的人多，翻来覆去就那么几句话。

那应该怎么说？一位朋友销售摩托车，他说："卖车，要学会介绍车，只说车好没用，还要让顾客知道哪好，比如 VIV 轴承，KOK 油封，顾客不一定知道，但是你说出来，顾客觉得你的车用的好配件。可能别人的车也用同样的配件，他们不说，顾客不知道，所以顾客就觉得我的车质量好。"我们是否也经历过同样的事情？很多时候，我们买东西并不懂行，听销售员一说，现学现用，他介绍详细，我们感觉他的东西质量好，就买了，或许我们不知道的东西不一定比它差。只是大脑中被人加入了一些原材料，就能改变认知。

想起乔吉拉德一个故事。

乔吉拉德卖车时，有时候会遇到顾客犹豫不决的情况，顾客不知道该买他的车还是买另外一个品牌的车。每到这时候，乔吉拉德都会“碰巧”有人找。“不好意思，失陪一会。”乔吉拉德带着歉意对顾客说。“没关系，我自己看就可以。”顾客说。乔吉拉德的办公室中东西不多，顾客很容易就发现办公桌上放着的一份文件夹，里面有各种品牌车出事故的新闻报道：“某某车发动机自燃。”“某某车行驶途中轮胎掉了。”各种品牌应有尽有，除了他自己卖的车。如果我们想买一辆车，看到相关负面报道，心里肯定不舒服。其实任何一个汽车厂家每年生产那么多车，都会有残次品，这很正常。但消费者不一定是汽车行家，看到负面报道，就会动摇购买决心。结果乔吉拉德往往能击败竞争对手，顺利成交。为什么这样说会有效果？我们看一下认知的形成过程：

原材料通过亲身经历或看到、听到的间接事物，通过一定的加工方式，形成思想。所以改变认知的第一个方法是改变原材料。

每个人生活经历都不一样，这就导致我们的原材料不一样。原材料分为两种：一种是亲身经历，一种是间接见闻。重要思想一般与感受深刻的经历有关。而我们改变他人所用的一般是间接材料。

电视剧《潜伏》主人公余则成原本是一名军统特工，为什么甘愿做共产党卧底？是因为他亲眼目睹军统高层为私利与日本人做交易，这让他对国民党很失望。在民族生死存亡之际，有些人挺身而出，豁出命和日本人打仗，为的是国家和人民，而不是某些高层官员。国民党的腐败让余则成开始质疑原有的认识，随着一步步看清国民党的本质，他最后还是加入了能实现自己理想的共产党。

第二次世界大战给世界带来灾难。战后，反省最彻底的国家当属德国。德国在三个法西斯国家中比较特殊。墨索里尼通过暴力手段上台执政意大利，当时的日本是天皇影响下的半独裁国家，唯独希特勒通过民主选举控制德国。可以说希特勒在德国很受欢迎。不过德国投降后，民众很快便转变态度，什么原因让德国人对希特勒的认识转变如此之快？

盟军打败德国后，将纳粹集中营对外开放，当看到幸存下来衣衫褴褛、骨瘦如柴的犹太人时，德国民众简直不敢相信与自己仅有一墙之隔的集中营竟是一个批量杀人的“工厂”，他们被深深震撼了。这时候他们才知道当初狂热拥护、支持、追随的领袖背地里做了些什么勾当。希特勒用演讲欺骗了整个德国。有了这些新材料，转变认识比较容易。

方法无所谓对错，对错在于用方法的人。用来害人，或者帮人，不是方法的错，而是谁来用。

我们看一个正面例子：

一个小孩，出生时就没有耳朵，医生说，这孩子或许会终生聋哑。

父亲咆哮着质疑医生的观点，无法接受这个事实。最后，他决定，如果注定要有一个没有耳朵的儿子，那也不能向命运低头。

话虽这样说，但如何让一个没有耳朵的人像正常人一样生活，父亲心里没底。多年前，他曾写过一句话："我们唯一的局限，是自己头脑中设定的限制。"平生第一次，他对这句话产生了怀疑。面前躺着一个天生没有耳朵的婴儿，即使能听见，能说话，但天生与众不同的外表无法改变，这是儿子心中永远的限制，他能突破吗？

从儿子懂事起，父亲就极力向他灌输听的欲望。儿子长大一些，父亲发现，他开始注意四周发生的事情，证明儿子有微弱听力。紧接着，父亲发现对着儿子耳朵后面的乳突骨或大脑下方基部讲话，儿子能听清。欣喜若狂的父亲每天用这样的方式和儿子说话，很快他又有了新发现，儿子很喜欢在睡觉前听故事，于是他精心设计了很多小故事，所有故事都围绕一个主题："每一种逆境都隐藏着相同的优势。"虽然父亲根本不知道如何将儿子没有耳朵的逆境转化成优势，但他依然坚持讲故事，鼓励儿子什么事情都会有解决的办法。

儿子对父亲的故事深信不疑，自信的种子在他心中生根发芽。父亲告诉儿子，学校老师发现他没有耳朵，会对他特别照顾，态度也会很和蔼，孩子上学后，老师对儿子的方式也印证了父亲这一判断。

再比如，如果儿子长大去卖报纸，人们看到一个没有耳朵却聪明勤奋的年轻人努力工作时，他会获得更多报酬。

在父亲的不断鼓励下，儿子独立、自信地成长着。七岁时，他要求像哥哥一样去卖报纸，母亲没有同意，她担心听力微弱的儿子一个人出门不安全。

最终，儿子在一天下午偷偷从窗户爬了出去，从附近鞋店借了6美分，开始投资报纸生意。卖出去再进，再卖出去，再进新报纸，如此反复，直到天黑。最后算清账目，儿子还掉借的6美分债务，一下午净赚42美分。不过他实在太累了，回家躺在床上就睡着了。父母回到家，看着入睡的儿子，小手里还攥着赚来的钱，母亲哭了，她为儿子第一次胜利而哭泣。父亲笑了，他看到一个自信、勇敢、进取的小生意人。在以后的生活中，儿子自信、独立的品质表现得更加明显。比如别的小孩想要什么东西，会躺在地上四脚朝天又哭又闹，直到满足愿望为止。而他则会制订一个赚钱计划，然后自己买回想要的东西。

儿子没上过聋哑学校，也没学过手语，虽然学校老师一再要求，但父亲坚持让儿子能像正常人一样生活。他在无法听清老师讲课的情况下（除非近距离大声说话），顺利完成小学、中学、大学课程。

一次偶然机会，儿子接触到一款新型助听器（之前用过助听器，但没效果），使用后能像正常人一样听到清晰的声音，他兴奋异常，于是，他下定决心，要将余生致力于为听力障碍者开发有效辅助工具。他想通过亲身经历告诉人们，即使像他一样的天生残疾，也可以像正常人一样生活。

这是成功学大师拿破仑·希尔和他儿子的故事。你看，学点成功学有用吧，关键时刻，自己能用上。希尔给儿子讲那些身残志坚的故事，这是原材料，用这种原材料，逐步形成孩子的思想。

我们中有很多家长，直接改变孩子的信念，你这样做不对，应该怎么做。也不和孩子讲清楚为什么。这种教育方法，简单但是粗暴，不符合改变信念的流程。

想改变一个人，不能直接改变信念。直接在信念层面争论是非，很难说服一个人。在流程上下功夫，增加原材料。孩子大脑一片空白，你加什么原料，就能得出什么信念，比较好改变。可是你有原材料吗？这是个问题。我们无法给别人自己没有的东西。所以就需要学，你要教育孩子，但还没他懂得多，这就难办了。

有一次家里来客人，小侄女、侄子都来了，五个小孩凑在一起，真热闹。我给他们喝一种杂粮奶。孩子一喝，直咧嘴："太难喝了，这是什么味道啊。"我给他们讲了个维生素C的故事：

以前航海，一出海就需要航行好几个月，无法贮存新鲜蔬菜，所以水手们只能吃面包和腌肉。有些水手浑身乏力，皮肤泛红。之后越来越虚弱，再以后就死了。人们一直无法找到死亡原因，不知道怎么回事。反正每次航海，总有水手因为这种怪病死去。有一次有几个水手又要死了。船长不得已下令，把他们放在一个荒无人烟的小岛上，自生自灭。

过了几个月，轮船返航，路过那个小岛。船上的人想，以前被放到小岛上的人一定死了，那要把他们的尸骨带回家乡。于是大家来到小岛上。这时候他们看见一群蓬头垢面的人兴高采烈地向他们跑来。水手们难以置信，原来那些被他们放在小岛上的人原来没死。小岛上的人解释说："我们也不知道为什么，你们走后，我们就吃树上的野果子，后来竟慢慢好了。"

那么果子中有什么秘密呢？因为水果中含有维生素C，维生素C是合成胶原蛋白的必要原料，而胶原蛋白则是将毛细血管连接起来的物质，没有胶原蛋白，毛细血管的细胞就散架了，这时人皮肤上就会出现一块一块的红色淤青，那是毛细血管破裂的原因。

你们看，吃东西要丰富多么重要？不能只吃爱吃的，不爱吃的也要吃，不然身体会缺乏必要的营养，那就要得病了。听我讲完这个故事，他们就把杂粮奶喝完了。小孩子不是不懂事，你只要把道理讲清楚，谁不想为自己好？

我们不能像传销组织那样，把人控制起来，集中洗脑，很多时候也无法让当事人亲身经历，还是需要靠说话等间接材料，这就涉及相信的问题，别人为什么信我们？这就涉及诚信。讲诚信的人，别人信他，他说的话直接转变成当事人自己的原材料，从而改变思想。讲诚信的人很有力量，原理就在这，它可以影响别人思想。不讲诚信的人，别人不信，说什么都进不了别人的脑子，这就不能改变别人的思想。没人相信骗子，即使他说的是真话。

有个财主，临死前对儿子说：“如果讲信誉能赚钱就讲信誉，如果讲信誉不能赚钱，那也要赚钱。”

可怜的守财奴，临死都没明白一个道理：“不讲信誉赚钱是多么难。”

电视剧《大境门》主人公王瑞昌的原型叫王朴，在张库大道上做皮革生意。张库大道是张家口到库伦的对外贸易通道，蒙古皮革经张库大道集散到张家口分销。王朴的商铺相当于现在的皮革交易所，蒙古客商住在商铺并把货物寄存在库房，寻找买家成交。有一个客商把皮革寄存在商铺，身染重病去世了。几年后，他儿子找到王朴要求返还父亲的货物。王朴二话没说带他来到库房，他看见父亲的货物原封未动地保存着。这件事传开后，很多人都愿意找王朴做生意，王朴逐渐发展成张家口巨商。

这就是诚信的力量。

我们分析一下过程：

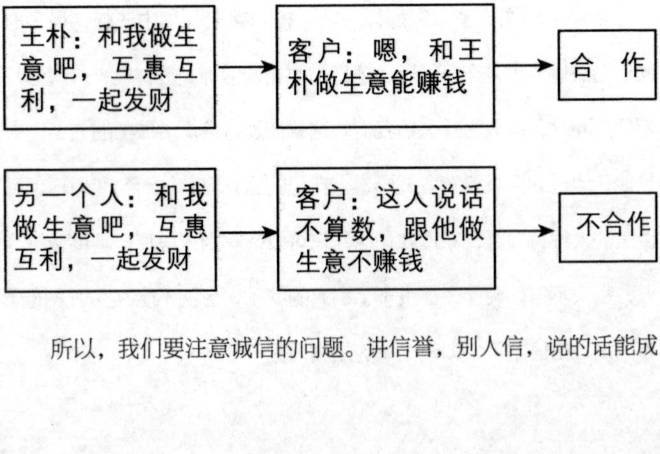

所以，我们要注意诚信的问题。讲信誉，别人信，说的话能成

为别人大脑中的原材料，从而改变思想，影响别人。这就是人际交往奇妙之处。有些人能说会道，巧言善变，别人并不听他的。有些人平时不言不语，一说话，别人听。学会做人比会说话更重要，任凭怎么说，别人不相信这个人，不会改变他的思想。

身体力行，可以取得别人信任。身教重于言传。说一套，做一套，别人不信任，语言的力量是苍白乏力的。

曼德拉领导自由运动，到国外搬救兵，想获得外国支持。有一次，他向一个军官讨教带兵打仗的经验。

“关键是要和士兵打成一片，军官要尊重士兵。”军官说。

“报告。”门卫有士兵敲门。

“进来。”军官说，士兵进门后，军官对他说：“你怎么这时候来，没看见我正和人谈事吗？一点规矩都不懂，平时怎么告诉你们的，快点给我滚出去。”

曼德拉一边看，一边犯嘀咕，“难道这就是他所谓的‘官兵平等’吗？如果自己都做不到，还怎么让别人做到呢？”

看一个甘地的故事。

有个小孩，很爱吃糖，他身体不好，医生嘱咐不能吃太多糖，母亲带他去找甘地，希望甘地劝说孩子不再吃糖。

“你先回去吧，三个星期之后再来。”甘地说。

三星期后，母亲再一次带着孩子来找甘地。

甘地对孩子说："不要再吃糖了。"

孩子母亲生气地说："甘地先生，我们出于对您的敬重，才带孩子来见您。我们从家走到这，需要三天时间，回去还需要三天时间。就这样一句话，您为什么上次不说呢？"

甘地说："因为三个星期之前，我也很喜欢吃糖，而且吃得很多。我得先戒掉糖，才能劝你的儿子不吃糖。"

可怜的甘地，不吃肉，不吃鸡蛋，不喝牛奶，为劝说孩子，把糖也戒掉了。爱因斯坦评价甘地："我们的后代将很难想象，在我们生活的时代居然活生生地存在着这样一号人物。"甘地依靠人格力量，领导一个地方割据、教派冲突严重的国家团结起来同英国作斗争，最终取得印度独立，以身作则的力量何其强大。

还有就是改变加工方式。常见的加工方式是概括化和删除。

概括化是做总结，有些女性会有这样的认知——"男人都是骗子"。也许她经历过一个人，骗过她。再经历一个人，又被骗。于是大脑依据这两个人为原材料，概括出"男人都是骗子"的认知，本意是防止再次被骗，有正面作用。可是有时候会出现概括化扩大的情况。

还有删除，只看一面，其他看不见，我称之为选择性注意。比如有些人只看到不好的一面，而看不到好的一面。胡佛总统就是这样的人，什么事，他只看不好的一面，很少看到好的一面。史汀生这样说："和胡佛总统坐在一起，就像坐在一个充满墨汁的浴缸里。"心情可想而知。有些人，整天唉声叹气，抱怨这个抱怨那个，有些人则很洒脱，其实，那些过得快乐的人生活中的烦恼不一定比别人少，只是他们更多关注快乐的事。

“我生活中没有快乐的事。”有一天早晨，你醒来，外面一片漆黑。“嗯，天还没亮，再睡会。”过了一段时间，你睁开眼，外面依然一片漆黑，“天怎么还不亮啊？”再过一段时间，还是一片漆黑，“这什么鬼天气，还不亮。”这时候，恐怕不是天不亮，你是不是该考虑一下自己的眼睛有问题啊？

诚然，生活中不全是好事，那就全是坏事吗？

那怎么在你眼中，生活全是坏事呢？

是生活的问题，还是你眼睛的问题？

是不是这样，那些整天只看到世界不好的人，你们被自己的眼睛骗了。

加工方式的问题不容易自己改正。爱因斯坦说：“我们的思维制造了一些问题，我们不能用同样的思维解决这些问题。”如果能用同样的思维解决，那它就不是问题了。而且思维方式出现问题，自己很难发现。

1997年，天门教成员认为他们将会很快被一艘宇宙飞船接走，离开地球。这艘飞船跟在“海尔·波普”彗星后面。有些天门教成员到出售科学器具的商店中，购买精密复杂的高倍望远镜，想从彗星后面长长的尾巴里提前发现飞船踪影。结果当然什么也看不见。按说眼见为实，这时候应该质疑自己的理论才是，但他们并没有这样做，而是找到商店退货，理由是望远镜有问题。

我们看认知形成图：

其实这个图是这样的：

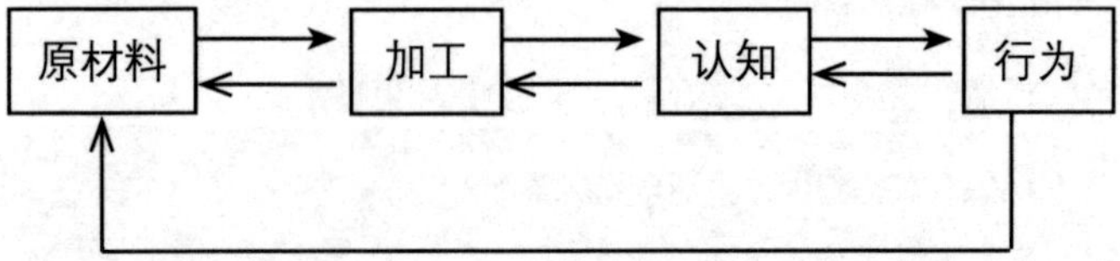

认知引发行为，行为又形成新原材料。并且各个流程并非单向影响，而是双向互相影响。思想系统不定型之前，原材料、加工方式正向影响大。思想系统定型后，思想反向影响力更大。所以乔布斯说，前三十年我们养成习惯，后三十年习惯塑造我们，就是这个意思。人成年之后，容易陷入留声机的怪圈中，沿着固定轨道走，很难打破。

举个例子。

一位丈夫抱怨妻子不关心她，研究人员发现他妻子有关心他的行为，于是提醒他，他说："有吗，我怎么没发现？"当研究人员指明后，他说："那是她想从我这得到好处才这么做的。"他大脑中形成一个思想：妻子不关心我（概括），为维持这个思想，就会寻找妻子不关心他的证据，对妻子关心他的行为视而不见（删除），或理解成其他意思（扭曲）。

打个比方，思想是制成品，原材料是金属，加工方式是高炉，原材料经过高炉做成产品。改变原材料或者换高炉都可以影响产品。比如把铁放进高炉，铸造出铁碗；把铜放进高炉，铸造出铜碗；把铝放进高炉，铸造出铝碗。不过人的加工方式比高炉神奇得多，有些人无论你放进什么原材料，都能产生同样东西（同一结论）：你放进铁，他铸造出铁碗；你放进铜，他还能铸造出铁碗；你放进铝，铸造出来的依然是铁碗。前面提到的天门教成员，他们会将相关信息删除或扭曲，这类人思想很难改变，无论你找出多少证据，他都有办法曲解，他看不见飞船，他不想是不是有人骗他们，反而理解成望远镜有问题。那么既然这样，是否没救了，不能改变了吗？

从思想形成过程来看，有两个时期改变思想比较容易。一个是孩童时期。孩子大脑一片空白，可以直接灌输原材料，告诉他什么就是什么。所以孩子要趁早建立起鼓舞性信念。另一个是成年人痛苦时期。成年人思想比较固定，不容易改变。主动改变往往是痛苦不堪时，痛苦成为改变的动力，痛苦越深改变决心越大。痛苦离崩溃只有一步之遥，离醒悟也只有一步之遥。关键是认识到我们被自己困住了，认识到这点，改变起来很容易。

自身的问题，好比一个玻璃罩，你看不见，但是能知道它存在，那就很容易打破它。可是如果不知道，即使是一个很容易转变的问题，也很难解决。不解决则会很痛苦。痛苦的时候，就会重新找出路，这时候容易改变。希望那些尚在痛苦中探索的朋友，能够借痛苦的契机，改变自己。

改变：原材料，加工方式

第四章　时机

孔子说："言未及之而言谓之躁，言及之而不言谓之隐，未见颜色而言谓之瞽。"意思是没到说话时候就说，是急躁；该说而不说，是隐藏；不能察言观色而说话，是眼瞎。所以说话要注意时机和场合。

安陵君受楚王宠爱，势力如日中天。有一个叫江乙的人对他说："您对楚国没有什么功劳，却居高官得厚禄，这是为什么？"安陵君说："不过是因为大王错爱，才有我今天的荣华富贵。"江乙说："以金钱相交，钱用完，交情就断了；以美色相交，年老色衰，感情也就淡了。所以爱妾床上的席子还没睡破，就被遗弃了；宠臣车马还没用坏，就被罢黜了。您现在独揽大权，可是却没有与楚王深交的东西，居安思危，我为您的未来感到担忧。"安陵君急切地说："您所说的话也是我日夜忧虑的问题，外人只看表面风光无限，却不知道这种好日子还能有多久，还望先生教我万全之策。"江乙说："您可以向楚王请求殉葬，为他而死，这样就能得到楚王长期宠信。"安陵君说："很好，谨遵教诲。"可是三年时间过去了，安陵君并未向楚王说殉葬的请求。江乙找到安陵君说："我给您的建议您并未实行，看来是我多此一举，以后再不会给您出谋划策了。"安陵君说："先生之言时刻不敢忘记，只是一直没有说这些话的机会。"

一次，楚王外出打猎，飞鹰走犬之际，一只犀牛猛冲过来。楚王搭弓射箭，犀牛应声而倒，左右欢呼雀跃，楚王十分得意地说："今天游玩实在太高兴了，人生短暂，假如我死后，谁愿意陪我继续享受快乐呢？"安陵君心想：等了三年的话，今天终于可以派上用场了。他泪流满面地跪在地上说："臣受大王宠信，无以为报，大王百年之后，臣愿随从而死，在黄泉之下依然做您的随从，以免您受蝼蚁侵扰。"楚王高兴地说："这才是我的股肱之臣。来人，明日摆坛，正式册封安陵君。"说话时机很重要。本例中安陵君为表忠心，一直耐心等待机会。如果安陵君不注意时机直接告诉楚王自己愿意为他殉葬，不但得不到嘉奖，还有可能会招致反感。

以马内利修女老了，想要找个接班人，她最后选择了萨拉修女。

她选择萨拉修女的原因是："她（萨拉）具有不反驳的智慧。"

什么意思，是不反驳，只顺着说？

不是不反驳，而是看什么时候反驳。

以马内利修女有时候比较冲动，大概人都有犯浑的时候吧，这时候，萨拉修女不会和她争执，而是等到以马内利修女冷静以后，再提出不同意见，这样更容易取得一致。

你见过这种场景没有，两个人吵得热火朝天，互不相让？

大家都在气头上，只要有一个人让一步，冷静一下，事情反而好解决。

另一个例子，关于微笑。

有位朋友母亲脑中风，经过住院治疗，命保住了，不过留下严重后遗症。他是大孝子，想尽一切办法让母亲康复。有一次，他在报纸中间的夹缝中看到一则广告，说能治中风后遗症。他急忙赶到厂家，准备买药。

负责接待的客户经理耐心、热情地解答他提出的各种问题：用法用量，副作用怎样。俩人聊得很顺畅。奇怪的是他最后并没有买药。

他说："当我谈到母亲在病床上承受的痛苦时，对方一直面带微笑，让我感觉他们没有真正关心病人。"

人家正痛苦，你还在那嘿嘿傻笑，能从你这买药？

微笑可以，但是也要看时机啊。

非国大正在开会讨论武装斗争的问题，曼德拉发言时，颇有影响力的摩西站起来反对并且言辞激烈。曼德拉望向瓦尔特，希望瓦尔特能从中调解。曼德拉夫人是瓦尔特的表妹，他俩是亲戚。曼德拉和瓦尔特还是志同道合的好朋友，在非国大中属于一派。但是就是在这么关键的时刻，瓦尔特纹丝不动，并没有表示什么。结果，非国大中多数人都没支持曼德拉，这让曼德拉非常恼火。会后曼德拉气愤地质问瓦尔特，为什么不帮自己说话。瓦尔特笑着说："如果我支持你，咱俩一起和摩西争论，这就如同和愤怒的狮子比谁更傲慢一样，你觉得谁会赢？"瓦尔特告诉曼德拉，等没人的时候，你自己到摩西家中，和他商量这个问题。曼德拉来到摩西家中，俩人静下心来，心平气和地继续探讨这个问题，最后摩西决定支持曼德拉的提议。瓦尔特就比较注意时机。在非国大召开的大会上有很多人，人都要面子，争论起来，即使为了面子，也会互不相让。大家都在气头上，只会火上浇油，谁还能就事论事。这时候先退一步，冷静一下，然后再讨论，更容易取得一致。

大脑中，理性思维受脑前额叶控制，情感受边缘系统控制，二者成七巧板效应，互相一致。理性思维活跃时，情感受抑制。情感活跃时，理性思维受抑制。这就是为什么有些人生气时口不择言的原因。当大脑被强烈的情感控制时，容易失去理性，这时候容易冲动，干傻事。所以人在气头上的话，不要当真。

你看我们前面讲过的方法，不要批评，不要争论，因为那样一开始就会伤害对方的自尊心，让人很生气，他一生气，理性思维受抑制，你说什么，他根本听不进去。我们讲理解，也是不让自己生气，不要愤怒，这样能最大程度保持理性思维，更有利于解决问题。

特蕾莎修女发现一个问题，印度的贫穷体现在物质上，但西方发达国家物质很富有，各种社会福利充裕，但还是有很多人过得并不快乐，甚至很痛苦。于是她在发达国家建立教会，帮助那些孤独、寂寞的心灵。

有一次，她带领修女去拜访一个妇女，还没进门，就闻见一股酸臭味。打开门一开，才知道那家下水道堵了。堵了你就不知道疏通一下啊？不，那个妇女就那样，一直让它堵着，脏水流得满屋子都是。那味道啊……妇女就在这样的屋子里生活了很多天。像这种情况，不是下水道的问题，而是人精神有问题，心情压抑，郁闷，懒得理那些事。

特蕾莎修女说：“我帮你通一下下水道？”

妇女点头。

于是几个修女帮着疏通下水道，收拾屋子。

有一次，特蕾莎修女到一个妇女家，屋里乱七八糟的。特蕾莎修女找来一块布，准备帮妇女擦满是灰尘的家具。妇女说：“修女，你放着吧，不用擦。”这时候问题就产生了，擦还是不擦？

屋子该打扫吗？

该打扫。

那不用你动手，我们帮你打扫，可以吗？

不可以。

为什么？我们可是为你好。

问题就出在时机上，即使为别人好，也要考虑别人当时的感受。她或许那一阵不想动，什么也不想做，你来了，“嗨，你怎么这么邋遢，屋里这么乱了也不收拾一下，我帮你收拾。”

好心，好意，可是人家这时不想动，是不是要考虑别人的感受呢？

听妇女这样说，特蕾莎修女没再擦家具，她坐下来，和妇女聊天，慢慢聊开了，妇女心情变好了，才帮她收拾屋子。

你看，特蕾莎修女很注意时机。不是说你为别人好，就可以不考虑时机，不考虑别人感受，那样人家会很反感。

如果别人说，什么都不用做，只想静静，你就不用问静静是谁，关上门悄悄退出来就可以了。

特蕾莎修女救助过很多麻风病患者。印度社会有着严格的等级制度，但对于麻风病人，无论是高贵的婆罗门还是低微的贱民，大家却达成高度一致：迅速遗弃。很多麻风病人，被社会抛弃，被家庭赶出家门，身体上的病痛，加上心灵的摧残，让麻风病患者痛不欲生。特蕾莎修女建立了一个收容所，集医疗、生产、生活于一体，大家在这里可以工作，可以看病，可以生活。

这地方不错吧？

可是有些麻风病人，即使康复后，依然选择流浪。

如果我们是特蕾莎修女，会怎么做？

“没出息的玩意。”有些人可能会这么说。

特蕾莎修女并没有干涉麻风病人，你愿意留就留，愿意走就走，随时欢迎，来者不拒，去者不留。

为什么会这样？

每个人情况不同，不能一刀切，我们做好事，帮助别人，一定要建立在别人愿意、认可的基础上。不能把我们的思想强加给别人。别人需要我们，我们尽最大努力，给他们需要的。如果人家不愿意，不能勉强。要考虑别人的感受。

以马内利修女也遇到过这样的情况，有些孩子不上学，她不会强制这些流浪儿童上学，只是鼓励、夸奖那些上学的学生，以此带动那些不上学的学生。

她们都知道，即使做好事，也要顺从别人的意愿。

你有没有这种经历，被别人帮助，他们是好意，可是让自己很不舒服，你还不能反对，如果那样就是不领情，这就是不注意别人感受的结果。

时机的第二个问题是注意认知阶段。

曼德拉16岁举行割礼，标志着从一个男孩变成男人。割礼完毕，举行集会，庆祝孩子们长大。要集会，总要有些有头有脸的人物参加，于是请了一位酋长，给大家讲两句。酋长讲："你们这些可怜虫，你们还以为你们要大展宏图呢，其实我告诉你们，你们一点前途都没有。因为我们是考撒民族，考撒民族是一个被白人征服的民族，你们中有些人会成为有名无实的酋长，有些人会进入金矿把自己的肺咳出来……"总之一句话，道路是曲折的，前途是黑暗的。大意就是讲白人对黑人的剥削和压迫。应该说，酋长讲的是事实，符合当时的客观情况。曼德拉听完却说："酋长的话对我不仅不是一种鼓励，而且让我感到气愤。他的话是一个无知者发表的诽谤性评论。他不能欣赏白人带给我们国家的教育和有益价值，我认为这位酋长忘恩负义。这位令人尊敬的酋长毁了我的一生，他的错误讲话伤害了我的自豪感。"

多年以后，曼德拉说："无知的不是酋长，而是我自己。"虽然酋长说得对，为什么当时曼德拉那么气愤？这就是认知阶段的问题，跨越认知阶段，不但不会让人信服，还会令人反感、抗拒。过了几年，曼德拉走出部落，来到城市中求学，见识了白人与黑人的不平等，这时候思想发生转变。

有一次，学校请位诗人演讲，诗人和酋长一样，痛斥白人对黑人的不公平。这时候的曼德拉，不再愤怒，反而觉得诗人讲得很有道理。同样的话，同一个人，所处阶段不同，认知也会不同。那么遇到这种情况，我们应该怎么处理？这里涉及一个基本认知。我们与人交往，以谁为主体的问题。是以我们为主体，还是以对方为主体。

交往过程由说者控制，效果则由听者决定。说什么在你，可是有没有效果，对方听没听进去，那要看对方。那么我们和别人交往，是为了自己讲完拉倒，还是让对方接受自己的建议？你看很多人，不管别人听不听，一顿说教，也不管别人受得了受不了，反正他先痛快了好像别人不听他的话，责任全在别人身上。既然要让别人接受，就要按照别人的认知水平说。别人暂时不理解，那是时机不到。

心理学上有一种现象叫“登门槛效应”。这个效应是美国社会心理学家弗里德曼与弗雷瑟于1966年做的“无压力的屈从——登门坎技术”的现场实验中提出的。

1966年，美国心理学家曾作过一个实验：派人随机访问一组家庭主妇，要求她们将一个小招牌挂在她们家窗户上，这些家庭主妇愉快地同意了。过一段时间，再次访问这组家庭主妇，要求将一个不仅大而且不太美观的招牌放在庭院里，结果有超过半数的家庭主妇同意了。与此同时，派人又随机访问另一组家庭主妇，直接提出将不仅大而且不太美观的招牌放在庭院里，结果只有不足20%的家庭主妇同意。

同类实验：实验者让助手到两个居民区劝人在房前竖一块写有“小心驾驶”的大标语牌。在第一个居民区向人们直接提出这个要求，结果遭到很多居民拒绝，仅有17%接受。在第二个居民区，先请求各居民在一份赞成安全行驶的请愿书上签字，这是很容易做到的小小要求，几乎所有被要求者都照办了。几周后再向他们提出竖牌要求，接受者占55%。

结合登门槛效应，我们再来理解曼德拉的转变。小时候，曼德拉在部落里，很少见到白人，他认为“白人就像上帝那样尊贵，他们既让人畏惧又让人尊敬。”在这种环境下长大的孩子，突然被人告知白人的不好，这大大超出了他的认知水平。后来随着曼德拉不断上学，走向城市，一步一步认识到黑人的不平等，这才逐步转变过来，走上了自由斗争的道路。

曼德拉对共产主义的转变也经历了一个过程。共产主义在非国大中有一定影响力，曼德拉非常抵制共产党，他认为共产党要和他们争夺政权。所以一直很排斥。

曼德拉很聪明，他知道从组织成员来判断一个组织的好坏，曼德拉发现，共产党员比其他人更埋头苦干，更努力工作，更不计较个人得失，更富有牺牲精神，这些人作为自由战士是无懈可击的，所以他找不到任何反对共产党的理由。这是一个转变，共产党人用自己的实际行动让曼德拉不再抱有敌意。后来曼德拉与一些共产党领导人交谈，探讨问题时发现自己对共产党有很多误解，这时候才发现自己很无知。于是他找来马克思主义的著作，仔细研究，后来得出结论，共产党与我们的目标是一致的，可以合作。转变需要一步一步来，需要有过程。

有位表演大师即将登台演出，学生走过来，告诉他："老师，您鞋带开了，我帮您系上吧。"

等学生走后，大师蹲下身，把鞋带解开。

旁边的人很疑惑，为什么？

大师解释说，我要表演的是一位疲惫的旅行者，所以鞋带要散开。

那你为什么不直接告诉学生呢？

大师说，学生帮我系鞋带，说明他观察的很仔细，我应该保护他这种积极性，至于学习，以后有很多机会告诉他。

你看，大师知道时机，他知道什么时候该说，什么时候不说。

学生正在学习，你劈头盖脸一顿臭骂，他还有什么心思学习？

即使是好话，也要分时机、分场合，这很关键。

前面说过特蕾莎修女到贫民窟帮助拾荒者的故事，一开始大家不理解，以为她偷孩子，险些被揍。后来经过垃圾搬迁事件，大家知道她真是来助人的，于是接纳了她。

我们讲过助人的问题，帮助别人，快乐自己。假如你也想试试，兴冲冲地帮助别人，结果一句话被别人顶回来，很失落："我想帮你，你怎么这样？"

有个电影叫《顺风车》，故事源自生活中一个真实人物——王永。每天上班时，顺路拉几个人，不要钱。免费顺风车一直坚持了十几年。

开始时人们很不理解，不敢坐。为什么啊？免费，不要钱？图什么呢？坐谁的车不给钱，人家让你坐？

有些人把王永当成色狼了。他的善行不但没得到别人的理解，反而遭到一些人的冷嘲热讽。

刚开始，大家理解不了，很正常，不要灰心，坚持做下去，等别人了解就好了。

我也遇到过这种情况，好心好意帮别人，被别人误会，感觉很伤心："我就不该多管闲事。"

不是别人有多坏，只是大家不理解。坚持做下去，时间长就好了。

人际交往时，一开始被人质疑甚至抗拒，很正常。因为不了解，有一种自我保护意识，等熟悉了，了解了就好了。所以一开始交往不顺利，要理解。

帕森斯是位黑人，他被洛克菲勒派去大都会博物馆处理一桩纠纷。

当他到达博物馆时，在场的白人律师对他视而不见。

这种情形在种族歧视的美国，他经常遇到。

怎么办呢？

发火？

吵一架？

你们咋回事，看我是黑人就歧视我？

如果要是这样做，恐怕洛克菲勒也不会全权委托他来处理这件事。

帕森斯看了看在场的白人，自我解嘲地说：

“我们还在等谁啊？”

这时候大家才明白，眼前这个黑人小伙子就是洛克菲勒的私人代表。

“哎呀，失敬失敬。”

“没想到洛克菲勒先生派这么年轻的人来，真是年轻有为啊。”

明明就是种族歧视，瞧不起黑人，还要给自己打个圆场。

帕森斯没有介意这些，接着和他们处理纠纷事件。

他说：“时代在进步，总要给别人摆脱偏见的机会。”

后来帕森斯成了时代华纳的CEO，掌管全球最大的新闻媒体。

你看，这也是个时机问题。

开始交往，你不放心他，同样，他也不放心你，心里都犯嘀咕，都有戒备心理，这个要理解。面对质疑甚至抗拒，通过自己的言行，打消别人的顾虑。千万不要在这种时候轻易下结论，总要给别人了解你的机会。

《言为心声》整体结构：

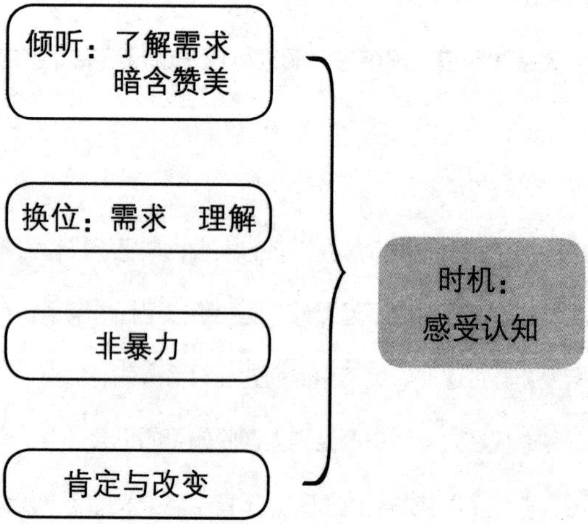

后 记

这两本书，我不为赚钱，也不为出名。哎呀，这样一说，好像我多高尚似的。实际上，我既非佛陀转世，也非酥哥附体，就是一个普通人，之所以这样做，也有自己的目的。前些年，过得很痛苦。痛定思痛，一直在琢磨这样一个问题：人应该怎么活才能快乐。这好像是个形而上的问题，不过我发现，像我一样过得很痛苦或者不快乐的人大有人在。于是，那时候就想，如果有一天我能够从痛苦的深渊中走出去，一定把我的经验说给别人听，去帮助别人，让他们也走出来。三年，我基本什么事都不做，一个人看书、学习，思考。我弟弟偶尔来看看我，他怕我一个人呆久了，担心我得精神病。经过三年反思总结，我走出来了。我希望自己的经历能够帮助别人，这样我也会很快乐。帮助别人，快乐自己，这是我的目的。

世界很大，人生很短，我们能相识，是缘分，希望能通过这两本书认识大家，和大家成为朋友。

谢谢！

永亮

2016年5月

参考文献

[1] 安东尼·罗宾，王平．唤醒心中的巨人［M］．中国城市出版社．

[2] 安东尼·罗宾，杨茂蒙．激发无限潜能》［M］．中国城市出版社．

[3] 罗伯特·迪尔次．语言的魔力：谈笑间转变信念之NLP技巧［M］．世界图书出版社．

[4] 李中莹．简快身心积极疗法（上、下）［M］．世界图书出版社．

[5] 陶玮玲．做自己的心理医生：NLP 简快心理疗法［M］．经济科学出版社．

[6] 斯宾塞·约翰逊，魏平．谁动了我的奶酪［M］．中信出版社．

[7] 阿尔伯特·哈伯德，赵立光，艾柯．至加西亚的信［M］．哈尔滨出版社．

[8] 戴尔·卡耐基，袁玲．人性的弱点全集［M］．中国发展出版社．

[9] 黄铁鹰．海底捞你学不会［M］．中信出版社．

[10] 乐嘉．本色［M］．长江文艺出版社．

[11] 埃克哈特·托利，曹植．当下的力量 [M]．中信出版社．

[12] 朗达·拜恩，谢明宪．秘密 [M]．湖南文艺出版社．

[13] 杰弗瑞·米歇尔，道格拉斯·加尔，刘素勋，石芳瑜．哈佛不教的人脉课 [M]．光明日报出版社．

[14] 史蒂芬·柯维著，高新勇，王亦兵，葛雪蕾．高效能人士的七个习惯 [M]．中国青年出版社．

[15] 王晶．换个角度做父母：新东方精英的成长及教子心经 [M]．浙江教育出版社．

[16] 沃尔特·艾萨克森，管延圻，魏群，余倩，赵萌萌．史蒂夫·乔布斯传 [M]．中信出版社．

[17] 沃尔特·艾萨克森，刘汉生．基辛格：大国博弈的背后 [M]．国际文化出版公司．

[18] 沃尔特·艾萨克森，张卜天．爱因斯坦：生活和宇宙 [M]．湖南科学技术出版社．

[19] 沃尔特·艾萨克森，杨颖．富兰克林传 [M]．中国社会出版社．

[20] 纳尔逊·曼德拉，谭振学．漫漫自由路 [M]．山东大学出版社．

[21] 马丁·路德·金，克莱伯恩·卡森，马乐梅，张安恩，杨婕．马丁·路德·金自传 [M]．江西人民出版社．

[22] 甘地，叶李，简敏．甘地自传：我体验真理的故事 [M]．长江文艺出版社．

[23] 以马内利修女，王笑月．我的重生 [M]．深圳报业集团出

版社.

[24] 陈大道. 特蕾莎修女传 [M]. 山西师范大学出版社.

[25] 艾夫・居里，左明彻. 居里夫人传 [M]. 商务印书馆.

[26] 戴尔・卡耐基，朱凡希，王林. 林肯传 [M]. 译林出版社.

[27] 简・爱德华・史密斯，李文婕. 罗斯福传 [M]. 长江文艺出版社.

[28] 玫琳凯・艾施，马群. 玫琳凯自传 [M]. 浙江人民出版社.

[29] 欧文・斯通，常涛. 渴望生活：梵高传 [M]. 北京十月文艺出版社.